区间高维多目标进化算法

张志霞　著

電子工業出版社
Publishing House of Electronics Industry
北京 · BEIJING

内 容 简 介

区间高维多目标进化算法是解决不确定性优化问题的有效方法之一，也是进化计算领域一个重要的研究方向。本书分为7章，第1、2章介绍了区间高维多目标进化算法相关背景、基本概念及基础知识；第3～6章从Pareto支配关系、方向引导、指标选择及博弈集成等方面探讨了区间高维多目标进化算法的改进方式；第7章将区间高维多目标进化算法应用于移动边缘计算卸载和功率分配联合优化问题求解，从而为解决相关应用问题提供了参考。

本书适合从事智能计算研究与应用的科技工作者和工程技术人员阅读，也可作为高等院校计算机科学与技术、控制科学与工程等专业高年级本科生及研究生的参考书。

图书在版编目（CIP）数据

区间高维多目标进化算法 / 张志霞著. -- 北京 : 电子工业出版社, 2025. 6. -- ISBN 978-7-121-50519-5

Ⅰ. TP301.6

中国国家版本馆CIP数据核字第2025F1H506号

责任编辑：桑 昀
印　　刷：北京建宏印刷有限公司
装　　订：北京建宏印刷有限公司
出版发行：电子工业出版社
　　　　　北京市海淀区万寿路173信箱　　邮编：100036
开　　本：720×1000　1/16　印张：11.25　字数：204千字　彩插：6
版　　次：2025年6月第1版
印　　次：2025年6月第1次印刷
定　　价：88.00元

凡所购买电子工业出版社图书有缺损问题，请向购买书店调换。若书店售缺，请与本社发行部联系，联系及邮购电话：（010）88254888，88258888。

质量投诉请发邮件至zlts@phei.com.cn，盗版侵权举报请发邮件至dbqq@phei.com.cn。

本书咨询联系方式：xuqw@phei.com.cn。

前言

Foreword

高维空间的多目标优化问题在实际应用中普遍存在，它具有多个相互冲突的目标函数，系统固有的不确定性、数据测量偏差和问题近似建模等，导致目标函数具有不确定性，这类问题称为不确定高维多目标优化问题。在实际工程问题中，获取不确定性参数的范围要比获取概率分布函数和隶属度函数容易得多，因此，区间高维多目标优化问题的研究具有非常重要的理论意义和广阔的应用前景。

近年来，进化算法作为一种基于种群的黑盒优化方法，模拟生物的进化过程和自然选择原理，通过迭代遗传获取具有优秀基因的进化个体并作为算法的最优解集，已成功应用于很多实际的复杂优化问题求解。但是，当优化问题中目标函数含有区间参数时，已有的进化算法不再适用。目前已提出的一些基于 Pareto 支配的区间多目标进化算法在区间多目标优化问题的求解中具有高效性，但对区间高维多目标进化算法的研究尚处于起步阶段，在有效比较区间目标的优劣，获得收敛性、多样性和不确定性俱佳的 Pareto 最优前沿等方面面临巨大的挑战。

本书是作者近年来研究成果的总结，全书分为导引篇、原理篇和应用篇三个部分，共 7 章，具体章节的编排如下。

（1）第一部分导引篇（包括第 1、2 章）。该篇主要介绍了不确定性优化问题及区间高维多目标进化优化相关背景及技术。其中，第 1 章绪论部分主要介绍了研究不确定性优化问题、区间进化优化的意义，并在总结研究现状的基础上提炼了问题与挑战；第 2 章对区间进化优化的数学模型及基础理论进行了阐述。

（2）第二部分原理篇（包括第 3～6 章）。该篇从区间 Pareto 支配、方向引导、性能评价指标选择和策略集成四个角度讨论了区间高维多目标进化算法。其中，第 3 章聚焦于如何保持种群多样性，提出柔性区间 Pareto 支配驱动的区间高维多目标进化算法。第 4 章针对 Pareto 支配失效，过分依赖多样性维护机制造成的 Pareto 最优前沿收敛困难问题，提出了理想超平面引导的区间高维多目标进化算法。第 5 章针对算法难以有效平衡收敛性、多样性及不确定性，提出了综合评价指标选择的区间高维多目标进化算法。第 6 章针对求解具有多个特征的优化问题时，几乎不可能存在一种算法获得的结果比其他所有的算法都要好的情况，提出了双阶段博弈集成的区间高维多目标进化算法。

（3）第三部分应用篇（包括第 7 章）。该篇针对移动边缘计算协同卸载优化中，网络设备、资源使用情况、网络高峰时间、网站服务能力等不确定因素，设计不确定环境下的云边端协同计算卸载优化模型，并将区间高维多目标进化算法应用于该模型进行求解，从而为解决其他应用问题提供了参考。

本书的完成得到了大数据分析与并行计算山西省重点实验室成员、太原科技大学复杂系统与计算智能实验室团队成员、太原科技大学计算机科学与技术学院各位老师的大力支持，特别是崔志华教授、蔡星娟教授为本书提出了宝贵建议，在此一并致以诚挚的谢意。

本书涉及的部分研究工作得到了国家自然科学基金项目（No.61806138）、山西省基础研究计划项目（No.20240302/222211）、山西省高等学校科技创新项目（No.2023L177）和山西省太原科技大学博士启动基金（NO.20242045，No.20232087）的支持。

由于作者水平有限，书中难免有不妥之处，欢迎广大读者批评指正。

作　者

2024 年 11 月

目 录

Contents

第一部分 导 引 篇

第 1 章 绪论 …… 2
1.1 不确定性优化概述 …… 2
1.1.1 不确定性优化问题 …… 2
1.1.2 不确定性优化方法 …… 4
1.2 区间进化优化概述 …… 6
1.3 区间进化优化研究概况 …… 7
1.3.1 区间单目标优化 …… 8
1.3.2 区间多目标优化 …… 9
1.3.3 区间高维多目标优化 …… 12
1.3.4 区间高维多目标优化挑战 …… 13
1.4 本书结构安排 …… 14
第 2 章 区间高维多目标进化优化概述 …… 15
2.1 数学模型及相关概念 …… 15
2.2 区间数的基本知识 …… 17
2.3 常见的区间基准测试问题 …… 19

2.4 常见的区间性能评价指标……22
2.5 小结……23

第二部分 原 理 篇

第 3 章 柔性区间 Pareto 支配驱动的区间高维多目标进化算法……25
3.1 引言……25
3.2 已有的区间 Pareto 支配……27
3.3 已有的区间拥挤距离……30
3.4 问题分析……32
3.5 IMaOEA-FPD 描述……35
3.5.1 柔性区间 Pareto 支配关系……36
3.5.2 基于区域划分的多样性维护机制……39
3.5.3 IMaOEA-FPD 框架……41
3.5.4 复杂度分析……43
3.5.5 收敛性分析……43
3.6 仿真实验……45
3.6.1 参数设置……45
3.6.2 柔性因子取值对算法性能的影响分析……47
3.6.3 算法在 InDTLZ 测试问题上的性能比较……49
3.7 小结……54
第 4 章 理想超平面引导的区间高维多目标进化算法……55
4.1 引言……55
4.2 问题分析……57
4.3 IMaOEA-IH 描述……59
4.3.1 理想超平面构建……59
4.3.2 拉丁超立方抽样……61
4.3.3 L_p范数距离测度……64

4.3.4 最优解选择策略……66
4.3.5 IMaOEA-IH 框架……68
4.3.6 复杂度分析……70
4.4 仿真实验……71
4.4.1 性能评价指标及参数设置……71
4.4.2 采样数量对不同最优解选择策略的影响分析……71
4.4.3 不同最优解选择策略对算法性能的影响分析……73
4.4.4 算法在 InMaOP 测试问题上的性能比较……74
4.5 小结……79
第 5 章 综合评价指标选择的区间高维多目标进化算法……80
5.1 引言……80
5.2 问题分析……82
5.3 IMaOEA-CEI 描述……85
5.3.1 综合评价指标……85
5.3.2 α、β、γ 参数设置……88
5.3.3 IMaOEA-CEI 的框架……92
5.3.4 时间复杂度分析……93
5.4 仿真实验……94
5.4.1 相关参数设置……94
5.4.2 参数设置方式对算法性能的影响分析……94
5.4.3 算法在 InWFG 测试问题上的性能比较……96
5.5 小结……101
第 6 章 双阶段博弈集成的区间高维多目标进化算法……102
6.1 引言……103
6.2 问题分析……104
6.3 IMaOEA-TSGI 描述……108
6.3.1 策略池构建……109

6.3.2 基于种群博弈的匹配选择算子 ······ 110
6.3.3 基于波达计数的环境选择算子 ······ 112
6.3.4 IMaOEA-TSGI 框架 ······ 114
6.3.5 复杂度分析 ······ 116
6.4 仿真实验 ······ 117
6.4.1 相关参数设置 ······ 117
6.4.2 算法在 InDTLZ 测试问题上的性能比较 ······ 117
6.4.3 算法在 InWFG 测试问题上的性能比较 ······ 120
6.4.4 算法在 InMaOP 测试问题上的性能比较 ······ 124
6.5 小结 ······ 127

第三部分 应 用 篇

第 7 章 区间高维多目标进化算法在移动边缘计算卸载中的应用 ······ 130
7.1 引言 ······ 130
7.2 不确定环境下的计算卸载研究概况 ······ 131
7.3 计算卸载问题描述 ······ 133
7.4 功率分配与任务卸载的区间多目标联合优化模型 ······ 134
7.4.1 系统模型 ······ 134
7.4.2 目标模型 ······ 136
7.5 实验结果与分析 ······ 140
7.5.1 仿真实验平台及参数设置 ······ 140
7.5.2 本书 4 种算法求解该模型的结果与分析 ······ 142
7.5.3 本书提出的算法与其他优秀算法的性能比较 ······ 143
7.6 小结 ······ 147
参考文献 ······ 148
附录 A IMaOEA-FPD 源代码 ······ 161
附录 B IMaOEA-IH 源代码 ······ 166

第一部分　导引篇

第1章 绪论

1.1 不确定性优化概述

1.1.1 不确定性优化问题

优化技术以数学为基础，广泛应用于求解各类工程优化问题[1,2]，并在智能制造[3]、智能交通[4,5]、智能医疗[6]等领域发挥了重要作用，显著提升了生产效率、经济效益、社会效益。无论是在科学研究还是在工程实践中，诸多优化问题需同时考虑多个待优化的目标。图 1-1 展示了一些多目标优化的应用场景。例如，在智能制造生产车间调度系统中，一个产品通常需要经过一系列的工序才能完工，在现有的资源条件下规划生产流程时，需要综合考虑完工时间、设备总负荷和生产调度成本等[7]；无人机航迹规划的主要任务是在给定出发点和目标点的情况下，依据飞行任务要求和约束条件，寻求最优的航线。在这个过程中，需要考虑避障能力、航迹距离代价及无人机能耗代价[8]；在移动边缘计算中，计算资源和电池寿命有限的智能移动设备可以将计算密集型任务转移到边缘服务器上，但需要考虑时延、能耗、计算代价、负载等多个目标等[9]。上述这些具有多个待优化的目标，且目标之间存在一定冲突的优化问题统称为多目标优化问题（Multi- objective Optimization Problem，MOP）[10,11]。当目标数量大于 3 时，这类优化问题被称为高维多目标优化问题（Many-objective Optimization Problem，MaOP）[12,13]。

图 1-1　多目标优化的应用场景

随着科学的不断进步，人类对工程问题的精度要求越来越高。对实际工程问题而言，由于数学处理上的困难和诸多不便，人们对很多优化模型进行了一定程度的简化处理，以近似描述复杂系统的情况，这些优化模型的结构和参数大多是确定的。然而，在实际中，不可避免地存在着各种不确定性。造成这种不确定性的因素主要来源于：实体系统内部本身的不确定性；在数据测量和数据统计中由测量工具和测量本身造成的偏差；一些特殊材料的特性及几何特性等[14]。对不确定性多目标优化问题建模时，环境的偶然不确定性、测量偏差、近似建模等不确定因素的影响，造成优化模型参数和结构的变化。表 1-1 列出了代表性的不确定多目标优化问题。针对这些问题，若采用确定性优化模型，可能导致获得的解不再满足约束条件，甚至使优化模型的最优目标不成立。

表 1-1 代表性的不确定多目标优化问题

实际工程问题	目标要求	不确定因素
制造车间生产调度[17]	完工时间短、设备负荷小、调度成本低	加工时间变动、机器故障
无人机航迹规划[18]	避障能力强、航迹距离代价小、航机能耗小	动态威胁、定位误差
汽车碰撞检测[19]	精度高、成本低、可靠性高	事故本身的不确定性、路面摩擦系数
边缘计算卸载[20]	时延低、能耗低、成本低、负载均衡	网络资源使用情况、网络带宽、用户需求
电力生产调度[21]	发电成本低、线损小、污染控制成本低	电源发电功率、可控负荷、风场风能

不确定性优化问题的建模和求解必须特别关注不精确的数据[15]，充分考虑不确定性对模型性能的影响，以确保优化模型满足可能出现的情况或要求，保证安全性和持久性。研究不确定性优化问题比研究确定性优化问题能更客观、更准确地反映所研究问题的实际情况。不确定优化理论的研究也将为各类工程应用提供理论支持，具有广阔的应用前景[16]。

1.1.2 不确定性优化方法

对不确定性的处理方式是解决不确定性优化问题的关键，人们在 20 世纪 50 年代开始了不确定性优化问题的研究[22,23]。随着研究不断深入，解决不确定性优化问题的方法逐渐形成了多个分支，下面将对随机优化、模糊优化、云模型和区间优化进行简要分析。

随机优化是一种利用随机性和概率模型来解决优化问题的方法，其要求随机变量的概率分布函数已知。尽管随机优化为不确定性优化问题提供了有效的求解途径，但随机优化需要通过大量的不确定信息来估计随机变量的概率分布[24,25]。对于大多数实际问题而言，这个过程是非常困难的。即便可以通过经验或者前期分析对随机变量做出近似和假设，也会由于概率分布存在的较小误差而造成优化问题的结果具有很大的可靠性偏差[26,27]。

与随机优化不同的是，模糊优化[28]通过模糊数表示不确定参数，利用模糊优化求解不确定性优化问题需要获取模糊数的隶属度函数。近年来，利用模糊优化解决不确定性优化问题取得了大量的研究成果。为了寻找不确定多目标优化模型的求解方法，Garg 等[29]通过量化隶属度函数和非隶属度函数的线性程度和非线性程度，利用直觉模糊优化技术解决了目标之间的冲突性。Bahri 等[30]采用三角模糊数表示不确定多目标优化问题中的不确定性，定义了模糊 Pareto 支配关系来对生成的模糊解进行排序，并考虑了模糊对目标函数值的影响，从而可以在不需要任何变换的情况下进行高效求解。模糊决策的优化理论，为不确定性优化问题提供了灵活的决策选择方案，也促进了模糊决策的发展和推广[31]，但其仍然存在一些不足之处。一方面，由于模糊性没有明确的边界，实际问题中的理想状态绝大多数是不存在的，最优目标可能难以获得，导致抽象化模型无法完全描述实际问题。另一方面，在模糊优化中，隶属度函数通常用于描述目标函数或约束条件的模糊性。利用模糊优化求解实际应用问题时，这些隶属度函数需要决策者依据有限的数据信息和经验确定，导致隶属度函数的构建具有较强的主观性，且具有较大误差。此外，隶属度函数的构建需要通过反复试验，故其构建成本较高，导致模糊优化的适用性受限。

基于随机优化和模糊优化，我国著名研究者李德毅院士提出了云模型这一概念[32]。云模型作为随机性和模糊性的一种认知模型，通过语言值的概念表示，实现了定性表示与定量表示之间的不确定性转换，具有很好的数学基础与统计特点。在云模型中，通常使用期望、熵、超熵等特征参数进行定性表示，从而克服了隶属度函数本身的缺陷。随着云模型理论的不断发展，云模型的应用日益广泛。Zhang 等[33]证明了云模型在不同领域的定性定量转换问题中可以发挥重要作用。于少伟等[34]针对交通数据中的模糊性和随机性问题，提出了基于云模型的不确定交通预测方法。在数据挖掘中，云模型可以更好地在定量数据和定性知识之间搭建桥梁。Gao 等[35]利用相似云属性的云模型有效地检测了不同的无监督社区，定量描述了无监督社区的演化过程。郭凤鸣[36]利用云模型的密度和随机特性，采用基于种群的进化机制，使得算法具有进化速度快、能够获得最优值的特点。显然，云模型通过定性表示及定量表示之间的转换来处理不确定性问题。但是，在含不确定参数的多目标优化问题中，一些参数缺少数据，使得期望、熵、超熵等特征参数的获取较为困难，因此还没有相关研究成果。

在不确定性优化问题中，随机优化和模糊优化均使用不确定性的一些概率信息，如均值（预期适应度）和标准差，作为评估解决方案的稳健性的指标。然而，对于实际问题而言，获取不确定参数可能的变化范围（参数区间）要比获得其他形式（精确值或者反映其性质的量）更容易，且不需要太多的不确定信息。因此，在优化问题中，以区间数表示目标函数及约束中的不确定参数，称为区间优化[37]。一方面，随机优化通过置信水平，模糊优化通过截集水平，都可以转化为区间优化。另一方面，与普通的实数相同，区间数拥有确定的运算规则，在使用方面没有太大的困难。因此，区间优化在不确定性优化问题中的应用更为广泛[14,38]。

1.2 区间进化优化概述

近年来，进化算法（Evolutionary Algorithm，EA）发展迅速，为量化其研究进展，我们基于 Web of Science 及中国知网等知名数据库，统计了 2013—2022 年国内外知名学术期刊及会议中 EA 相关论文的年度发文数量，如图 1-2 所示。统计结果表明，利用 EA 解决高维多目标优化问题的研究在不断增长，这表明 EA 一直保持着较高的研究热度。EA[2,39,40]作为一种基于种群形式的黑盒优化方法，通过迭代遗传获取具有优秀基因的进化个体作为算法的最优解集，该类方法的最优解搜索是通过整个智能群体的总体优化实现的。换句话说，EA 通过模拟生物的进化过程和自然选择原理来优化问题，在一次运行中非常快速地逼近真实 Pareto 最优前沿。目前，有两大类求解区间优化问题的方法，具体如下：

第一类是间接求解方法，旨在将区间多目标优化问题转化为确定性的优化问题来近似求解，即通过构建区间不等式评价体系，并引入一个决策满意度参数，将待解决的区间多目标优化问题转化成一个确定的多目标或单目标优化问题，最终得到该评价体系下的最优解。这种方法存在以下问题：①区间多目标转化成确定性多目标，会造成部分区间信息的丢失，并且转化方式的不同可能会造成 Pareto 最优解存在主观性和片面性。②区间多目标转化成确定性单目标，还会因目标信息的丢失导致算法获得的 Pareto 最优解集与实际最优解集存在比较大的偏差[41]。③在工程问题复杂化的背景下[42]，兼顾区间信息、目标信息寻求一种合适的问题转化方式对区间高维多目标优化问题进行转化，在实际中往往是很难实现的。④通过数值优化求解器来求解多目标优化问题的过程中，执行一次仅能获得最优解集中的一个，且很容易受到复杂问题特性的影响。而且，在进行非确定性多项式困难问题（NP-Hard）的优化时，这些求解器需要极高的计算代价来获取最优解。

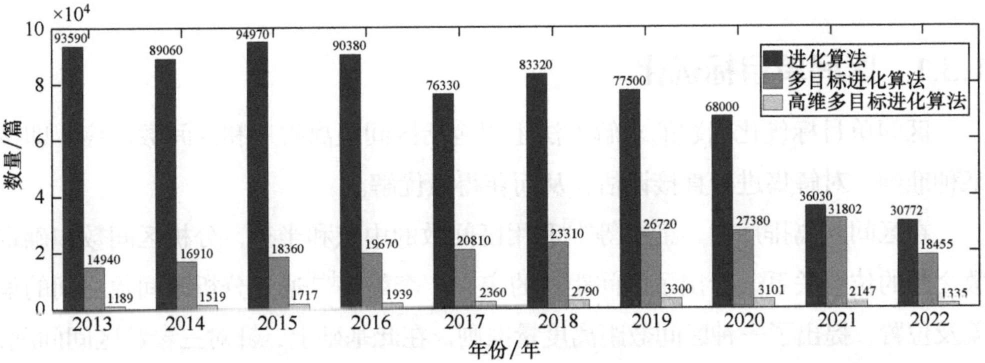

图 1-2 2013—2022 年进化算法（EA）相关论文的年度发文数量的统计

第二类是直接求解方法，即直接利用 EA 求解区间多目标优化问题，具体来说，通过设计区间 Pareto 支配关系、区间拥挤距离等策略，获得原不确定环境下多目标优化问题的最优解。以最小多目标优化问题为例，EA 与区间多目标优化问题求解的关系如图 1-3 所示。EA 中的生物对应着区间多目标优化问题，两者的最终目的都是实现各自利益的最大化，进化因素和各待优化目标相对应，其对优胜劣汰后的生物形成或者优化问题的最优解具有很大的影响。基于上述分析，EA 是求解区间多目标优化问题的一种有效手段。

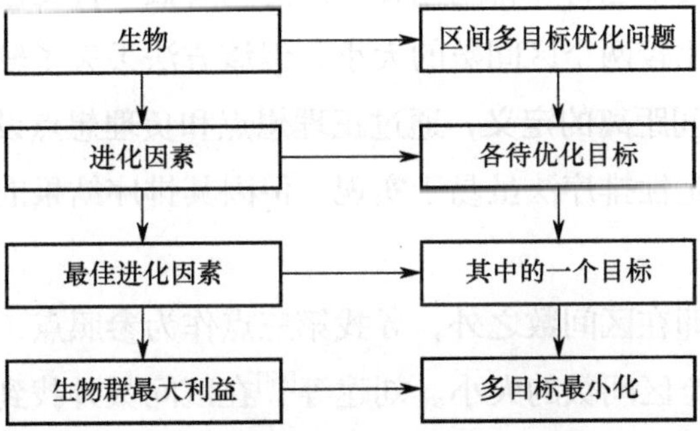

图 1-3 EA 与区间多目标优化问题求解的关系

1.3 区间进化优化研究概况

区间优化理论与方法研究已取得优异成果，本节从区间单目标优化、区间多目标优化和区间高维多目标优化这几个方面对国内外研究现状进行回顾。

1.3.1 区间单目标优化

区间单目标优化问题的求解方法主要包括区间距离排序和区间数排序，即按某种准则，对解集进行直接评估，从而获得最优解。

在区间距离排序中，彭宇等[43]利用区间数的中点和半径，分析区间数和确定数之间的位置关系，给出了区间距离的定义。李霞等[44]通过分析区间数之间的偏差及位置，提出了一种区间数距离度量准则。在此基础上，针对三参数区间问题，王霞和党耀国[45]引入三个决策者的风险态度系数，分别表示决策者更倾向于区间左端点、右端点，以及左右端点的权重，从而定义了区间数的距离测度。在后续的研究中，研究者经常采用不同的区间数距离公式进行相关研究。

根据两个区间数的位置关系有相交、包含及相离三种，区间数排序方法主要分为确定性排序法、间接排序法和基于度的排序法三类。确定性排序法，即通过区间数的中点或者边界点定义区间数之间的绝对大小关系，其缺点是无法描述区间数之间的优劣程度。Moore[46]通过比较两个区间数的上界和下界来确定两个区间数的大小，若一个区间数的下界不小于另一个区间数的上界，则前者大于后者。但该方法仅能比较处于包含和相离位置关系的区间数。曾文艺和罗承忠[47]则直接利用中点值刻画并比较两个区间数的大小，但该方法丢失了较多的区间数信息。李霞等[44]给出了区间距离的定义，通过正理想点和负理想点设计了区间数排序规则。综合而言，确定性排序法虽易于实现，但因其排序结果准确性较低，其应用受到了限制。

间接排序法，即在区间数之外，寻找第三点作为参照点，通过区间数与参照点的距离来判断两个区间数的大小。刘建等[48]在区间数外找到了理想点，通过区间数到理想点的距离来判断两个区间数的大小，距离越小则表明该区间数越小。兰继斌等[49]定义了区间目标相似度来进行最优解选择，从而提高解集的多样性。刘学生等[50]将区间数视为粗糙集，依据区间数粗糙集近似的下界和上界，给出了三种基于近似值（上近似值、下近似值和折中近似值）的区间数排序方法。然而，间接排序法会因参照点的选取方式差异而得到不同的结果。

基于度的排序法，即定义某种可能度来刻画区间数之间的优劣程度。Sengupta

等[51]通过区间数的中点值和区间宽度，给出了区间数之间关系的可接受度。刘进生等[52]给区间数的左、右端点设置可变权重，并给出了基于权重的区间数度量准则。但该方法的结果过度依赖权重设置，主观性较强。陈春芳等[53]利用文献[49]的思想，提出了一种基于向量相似度的区间数排序方法，构造了区间信息向量和理想信息向量，通过向量范数及方向计算相似度，相似度越大，对应的区间数的排序值越大。但是，根据不同的可能度标准获得的最终结果不同，由于其没有统一的标准，故普适性较低。

1.3.2 区间多目标优化

具有不超过 3 个待优化目标，且目标函数中存在区间参数的优化问题，称为区间多目标优化问题。现阶段，这类问题的求解方法主要有间接求解方法和直接求解方法两类，下面将分别对相关研究进行回顾。

1．间接求解方法

针对区间系数线性规划问题，Chanas 和 Kuchta[54]将区间系数线性规划的概念推广到基于区间偏好关系的目标函数中，定义了偏好区间序关系，将原问题转化为确定性双目标优化问题。Inuiguchi 等[55]在目标空间中定义了必然最优解、可能最优解，从而提出了基于最大最小后悔准则的松弛求解方法。随后，Averbakh[56]证明了 Inuiguchi 等提及的区间优化问题是强 NP 难问题。Liu 和 Wang[57]通过两级数学规划和对偶定理下的变量变换技术，将其转化为确定性优化问题以获取该问题的区间目标值。Li 和 Tian[58]将上述方法推广到一般的区间二次规划中，其中目标函数和约束条件中的系数都是区间数，提出了计算开销更小的方法。然而，区间优化问题的复杂化，实际需求的增加引起待优化目标函数的增加，使上述求解方法的局限性逐渐暴露出来[59]。

Wu 等[60]利用 Hausdorff 测度计算区间距离，定义了Ⅰ-型、弱Ⅰ-型及弱Ⅰ-型 Pareto 最优解。Gong 等[61]建立了区间多目标优化问题的数学不确定性模型，并利用区间分析方法将其转化为精确模型。针对区间不确定性非线性规划问题，蒋峥等[62]引入决策风险因子和偏差惩罚项，将其转化为确定性优化问题，并采用遗传算法求解转化后的问题。程志强等[7]通过引入松弛变量和约束惩罚算子进行问题转化，提出了结合遗传算法和传统非线性优化的递归优化求解策略，并验证了转化方法的可行性。Jiang[63]提出了一种非线性区间数规划方法，通过区间序关系进行问题转化，并采用区间分析方法计算原问题的区间目标函数，进而求解确定性多目标优化问题。Liu 等[64]提出了一种不确定结构的多目标进化算法来进行问题转化，并采用遗传算法来近似求解转化后的问题。

2．直接求解方法

对于区间多目标优化问题而言，目标函数值用区间数表示。在区间多目标优化问题中，目标函数值由确定数转变为区间数，在目标空间中也由原来的点转变为超体的形式，因此现有的多目标进化算法无法直接求解该类问题。对于确定性多目标优化问题，目标函数值是确定的数值，在目标空间中以点的形式存在，比较其大小及优劣相对容易。但是，区间形式的目标函数值的优劣比较相对困难，且不确定度增加了搜索最优 Pareto 解集的难度，因此研究者通常关注如何定义区间目标函数值的比较方法，进而评估进化个体优劣，分析解集的收敛性、Pareto 最优前沿上个体的多样性。这些挑战是区间高维多目标进化算法研究的重点和难点。

为了高效求解含有噪声的区间多目标优化问题，Teich[65]扩展了 Zitzler 和 Thiele 所提出的 SPEA 算法，针对受区间约束的目标值，提出了概率优势理论，给出了估计强度 Pareto 进化算法。张勇等[66]借鉴了概率论的相关理论，定义了概率支配准则来比较候选解的优劣，且依据外部归档集进行策略更新，从而改进了多目标粒子群算法，改进的多目标粒子群算法可用于求解区间多目标优化问题。Limbourg 和 Aponte[67]定义了基于区间序关系的区间 Pareto 优势关系以保证收敛性，且采用超体积测度来改善算法的分布性，进而提出了一种非精确传播多目标进化算法（Imprecision Propagating Multi-Objective Evolutionary Algorithm，IPMOEA）。该算法直接比较了两个处于相交、相离位置关系的区间，但无法有效地比较包含彼此的两个区间数。出于相同的目的，Eskandari 等[68]提出了一种随机 Pareto 遗传算法（Stochastic Pareto Genetic Algorithm，SPGA）。SPGA 算法中，不确定参数通过随机数表示，并假设随机变量服从正态分布。该算法定义了区间目标函数值的置信区间，进而基于该置信区间来判定随机解之间的支配关系。但是，该算法无法判断中点相同、间隔跨度不同的两个区间目标函数值的支配关系。同时，在算法后期非支配个体数量急剧增加，导致基于区间 Pareto 支配关系的个体环境选择效率降低。

为了更有效地解决带区间参数的多目标优化问题，Gong 等[69]在 NSGA-II 框架下提出了区间不确定多目标进化算法，利用区间置信水平重新定义了 Pareto 优势关系和 Pareto 最优前沿，然后根据最优解的超体的位置和体积重新定义拥挤距离，给出了基于秩和拥挤距离的最优解选择策略。当个体的体积小并远离其他个体的中点时，它们的拥挤距离就小，在下一代中存活的机会就大。与文献[67]相比，该算法可得到质量高、不确定度小、分布均匀的最优解，但其仅适用于只有两个区间目标的问题，且采用了改进的优势排序方法之后，非优势解容易丢失，导致选择压力增大。Sun 等[70]指出，当决策者要求较为苛刻时，文献[69]中的由区间 Pareto 优势关系决定的两个个体必须舍弃一个的结果无法让决策者接受。故 Sun 等在此基础上，给出了区间可信度下界的定义，通过可信度阈值参数 γ 设计了基于可信度下界的区间 Pareto 优势关系，进而修改了 NSGA-Ⅱ算法，提出了基于可信度下界的区间多目标遗传算法（Interval Multi-objective Optimization Genetic Algorithms with Lower Limit of Possibility Degree，LLPDIMOGA）。LLPDIMOGA 通过调整 γ 的取值，可获取不同的 Pareto 最优前沿，这种评估机制具有较大的柔性。上述研究成果在现有高维多目标进化算法（Many-Objective Evolutionary Algorithm，MaOEA）的框架下，致力于通过重新定义区间目标函数之间的 Pareto 优势关系比较解的优劣，以促进区间高维多目标优化问题的高效求解。在这些方法中，进化种群的所有个体作为优化问题的解集，依据基于集合的进化算子完成进化操作后，以解集中所有解的目标值来评估解集的性能。但是，随着目标空间维数的增加，基于 Pareto 支配的进化算法在环境选择中显著失去选择压力，非支配个体数量显著增加，造成环境选择算子类似于随机选择过程。最终获得的解集虽然广泛分布在目标空间中，但这些目标向量远离期望的真实 Pareto 最优前沿。在进化算法后期，区间 Pareto 支配关系使个体环境选择效率降低。

Soares 等[71]基于不确定性优化问题的最坏情况，提出了区间鲁棒多目标进化算法，该算法融合区间分析方法和进化算法，以确定的处理方式实现问题求解。Guo 等[72]提出了区间多目标量子启发式文化算法，以有效利用进化中隐含的信息，促进搜索。该算法利用拥挤距离、谐波距离和网格覆盖率衡量进化个体之间的拥挤程度。该算法还引入规范知识、情境知识和地形知识来指导进化个体的选择、突变及量子个体的更新操作。该算法能使 Pareto 最优解一致收敛到 Pareto 最优前沿，且不确定性较小。从进化过程中提取的知识对改进算法的收敛性和分布性起到了积极的作用。随后，Bader[73]和 Zitzler[74]提出了基于集合的多目标进化算法。Guo 等[75]在基于分解策略的 MaOEA 框架下，依照权重分解方法将区间多目标优化问题分解为多个区间单目标优化问题，通过知识诱导及分解机制实现了并行探索，避免了复杂的支配关系比较。特别地，他们改进了切比雪夫聚合函数以计算区间目标值中点到参考点的距离，定义了情景知识、邻域知识和关联知识来引导进化。该算法能更好地保持种群多样性，避免了种群过早收敛，得到的 Pareto 最优解更接近真实 Pareto 最优前沿。

与上述研究不同的是，研究者为了找到令不同决策者满意的解决方案，更关注优化问题的偏好信息。Gong 等[76]通过交互输入决策者对目标相对重要性的偏好，得到相应的偏好区域，进一步区分具有相同 Pareto 层的解，引导个体向决策者的首选区域搜索。在此基础上，他们提出了偏好多面体理论，引导算法找到令决策者满意的解集。Gong 等[77]通过偏好方向引导进化种群搜索，并利用逼近策略区分相同非支配层的候选解，从而提高算法的寻优效率。

1.3.3 区间高维多目标优化

对于区间高维多目标优化问题，由于目标个数较多且目标间存在冲突，搜索空间通常较大，因此问题的求解难度增加，算法的搜索效率随之下降。尽管区间高维多目标优化问题普遍存在且非常重要，通过查阅相关文献，目前求解该问题的方法却很少。巩敦卫等[78]在进化过程中引入决策者偏好，并将原问题转化为确定性多目标优化问题，从而获取问题的近似解。Gong 等[79]通过集合遗传算法，定义了两个问题指标，将原问题转化为双指标决策的确定性优化问题，这是一种区间高维多目标优化问题的间接求解方法。现阶段，关于区间高维多目标优化问题直接求解方法的研究成果很少。

综上所述，虽然区间参数优化问题在文献中已有大量报道，但是大多数求解方法仍然是通过某种方法或手段将原问题转化为确定性优化问题，如区间序关系、区间分析方法等。从上述对区间参数优化问题的报道来看，研究者致力于直接利用 EA 求解区间参数优化问题，如基于概率的区间 Pareto 占优，基于可信度的区间 Pareto 占优等。这些方法仅在区间参数多目标优化问题中发挥效用，但在面临区间高维多目标优化问题时，没有表现出明显的优势，因此区间高维多目标进化算法的研究迫在眉睫。

1.3.4 区间高维多目标优化挑战

现阶段，MaOEA 已经成为进化计算领域热门的研究方向，其研究成果颇多。但是，对于区间高维多目标优化问题，由于区间目标函数映射在目标空间表现为一个个超体，而不是一个个点，因此现有的 MaOEA 无法直接用于该类问题的求解。区间高维多目标优化问题具有如下特点：目标函数为区间数，具有超过 3 个待优化目标函数；目标函数之间具有一定的冲突性；相比于区间多目标优化问题，该类问题的结构更复杂，求解难度更大。上述这些特点导致区间高维多目标进化算法的研究面临较大的挑战：

（1）目标之间的冲突性随目标数量的增加而加剧，非支配解占候选解的比例呈指数级增长，在算法后期可能出现进化种群中的个体互不支配的情况，导致区间 Pareto 支配的选择压力不足甚至支配失效，此时，如果过分依靠多样性维护机制，容易造成算法收敛困难。

（2）算法侧重保持某种性质并遵循“邻域假设”，造成搜索资源的浪费，容易陷入局部最优，进而导致目标空间的多样性不足，使得平衡收敛性、多样性及不确定性较为困难。算法综合性能有待提升。

（3）对于具有多个特征的区间高维多目标优化问题，几乎不可能存在一种算法获得的结果比其他所有的算法都好，并且从海量候选算法中挑选出一个高效的算法求解某个优化问题需要大量的时间及资源。

因此，研究区间高维多目标进化算法过程中，需要考虑如何比较进化个体的具有冲突性的区间目标函数之间的优劣，如何结合种群进化过程中的不确定信息，兼顾收敛性和多样性进行最优解选择，以及如何制定高效策略以从众多算子中选择出适合求解某问题的最优算法，上述问题也是本书研究的主要目标。

1.4 本书结构安排

鉴于现阶段区间高维多目标优化问题普遍存在且非常重要，而区间高维多目标进化算法的研究较少，本书将充分利用区间高维多目标优化问题的特性，如区间收敛性、区间多样性及区间信息不确定性，从算法设计角度对区间高维多目标进化算法开展系统性研究。具体地，本书分为导引篇、原理篇及应用篇，其中原理篇从区间 Pareto 支配、方向引导、性能指标评价和策略集成四个角度来设计区间高维多目标进化算法，用于求解区间高维多目标优化问题，应用篇则将其应用于移动边缘计算卸载中。本书的组织结构如图 1-4 所示。

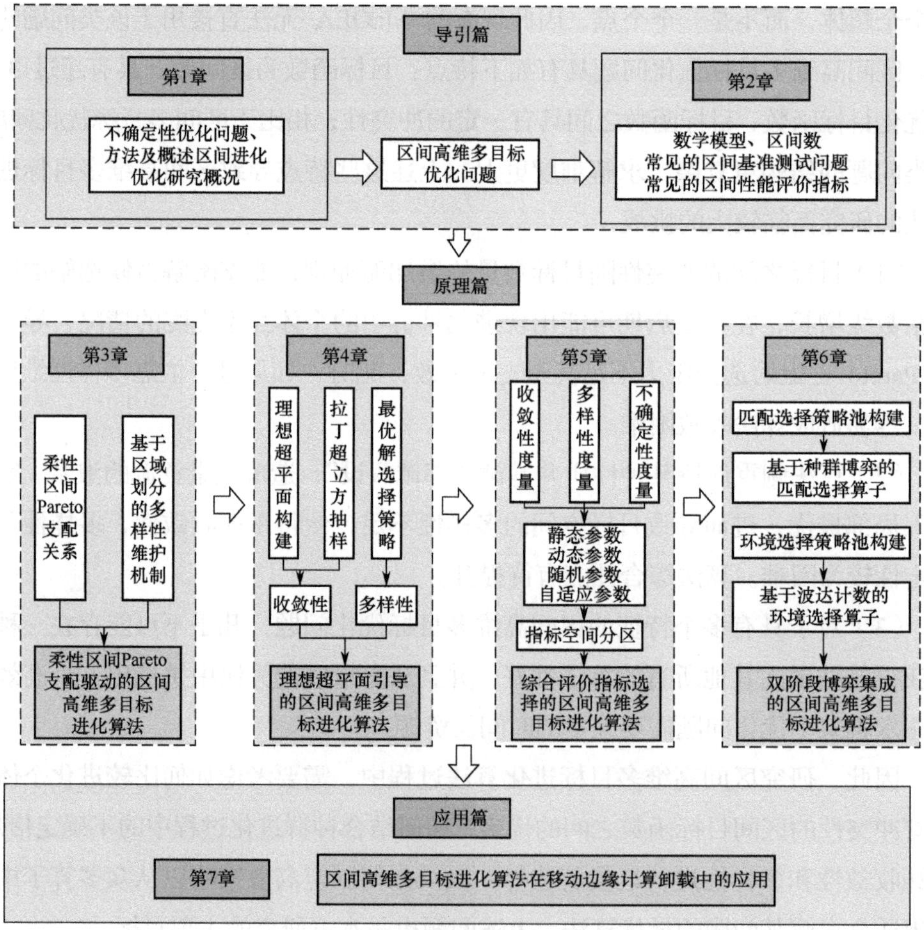

图 1-4 本书的组织结构图

第②章

区间高维多目标进化优化概述

2.1 数学模型及相关概念

本书考虑一类区间高维多目标进化优化问题[80]，其数学模型如下：

$$
\begin{aligned}
\min\ & f(\boldsymbol{x},\boldsymbol{u})=((f_1(\boldsymbol{x},\boldsymbol{u}),f_2(\boldsymbol{x},\boldsymbol{u}),\cdots,f_m(\boldsymbol{x},\boldsymbol{u}))\\
\text{s.t.}\ & \boldsymbol{x}=[x^{(1)},x^{(2)},\cdots,x^{(d)}]\in S^{(d)}\subseteq \mathbf{R}\\
& f(\boldsymbol{x},\boldsymbol{u})\in \Omega^m\\
& f_p(\boldsymbol{x},\boldsymbol{u})=[\underline{f_p}(\boldsymbol{x},\boldsymbol{u}),\overline{f_p}(\boldsymbol{x},\boldsymbol{u})],\underline{f_p}\leqslant f_p\leqslant \overline{f_p},p=1,2,\cdots,m\\
& \boldsymbol{u}=[u_1,u_2,\cdots,u_q],u_i=[\underline{u_i},\overline{u_i}],\ \underline{u_i}\leqslant u_i\leqslant \overline{u_i},\ i=1,2,\cdots,q
\end{aligned}
\tag{2.1}
$$

其中，$\boldsymbol{x}$ 为 d 维决策向量，$S^{(d)}$ 为决策向量 $\boldsymbol{x}$ 的 d 维决策空间。$f_p(\boldsymbol{x},\boldsymbol{u})$, $(p=1,2,\cdots,m)$ 是含有区间向量 $\boldsymbol{u}$ 的第 p 维目标函数，Ω 是目标函数 $f_p(\boldsymbol{x},\boldsymbol{u})$ 的 m 维目标空间。$f_p(\boldsymbol{x},\boldsymbol{u})$ 为 $f(\boldsymbol{x},\boldsymbol{u})$ 的第 p 个分量，$\underline{f_p}(\boldsymbol{x},\boldsymbol{u})$ 和 $\overline{f_p}(\boldsymbol{x},\boldsymbol{u})$ 分别表示 $f_p(\boldsymbol{x},\boldsymbol{u})$

的下界和上界。$\boldsymbol{u}$ 是区间向量，u_i 为 $\boldsymbol{u}$ 的第 i（$i=1,2,\cdots,q$）个分量，$\underline{u_i}$ 和 $\overline{u_i}$ 分别表示 u_i 的下界和上界。值得注意的是，如果区间向量 $\boldsymbol{u}$ 退化为确定性数值，问题（2.1）即退化为确定性多目标优化问题，其数学模型为：

$$\begin{aligned} \min\ & f(\boldsymbol{x})=(f_1(\boldsymbol{x}),f_2(\boldsymbol{x}),\cdots,f_m(\boldsymbol{x})) \\ \text{s.t.}\ & \boldsymbol{x}\in S^n\subseteq \mathbf{R} \\ & f\in \Omega^m\subseteq \mathbf{R} \end{aligned} \tag{2.2}$$

无论是确定性多目标优化问题还是区间参数多目标优化问题，均要对问题包含的所有目标函数进行同时优化。多个目标函数之间存在相互制约、相互冲突的关系，通常不可能在不影响其他目标的情况下改善一个目标。因此，对于多目标优化问题，很少有单一的解决方案能够同时优化所有的目标，而是找到一组折中的最优解。

在最小化多目标优化问题中，有如下重要的概念[81,82]：

对于解集 $X=\{x_1,x_2,\cdots,x_n\}$ 中任意两个可行解 $x_1,x_2\in S^{(d)}\subseteq\mathbf{R}$，若 x_1 不比 x_2 差，且至少存在一个目标函数使得 x_1 优于 x_2，则称 x_1 Pareto 支配 x_2，记作 $x_1\prec x_2$。若 x_1 既不 Pareto 支配 x_2，也不被 x_2 Pareto 支配，则称 x_1 和 x_2 互不支配，记作 $x_1\parallel x_2$。对于可行解，$\forall x^*\in S$，若不存在 $x'\in S$，使得 $x'\prec x^*$，则 x^* 被视为解集 $X=\{x_1,x_2,\cdots,x_n\}$ 的 Pareto 最优解，所有与 x^* 类似的解将构成 Pareto 最优解集（Pareto-optimal Set，PS）。在 PS 中，所有解在目标空间形成的曲线称为 Pareto 最优前沿（Pareto-optimal Front，PF）。图 2-1 和图 2-2 分别为问题（2.1）、问题（2.2）的 Pareto 重要概念示意图。显然，对于问题（2.1）而言，除了 Pareto 支配无法直接使用，其他概念对于两个问题都是相同的。

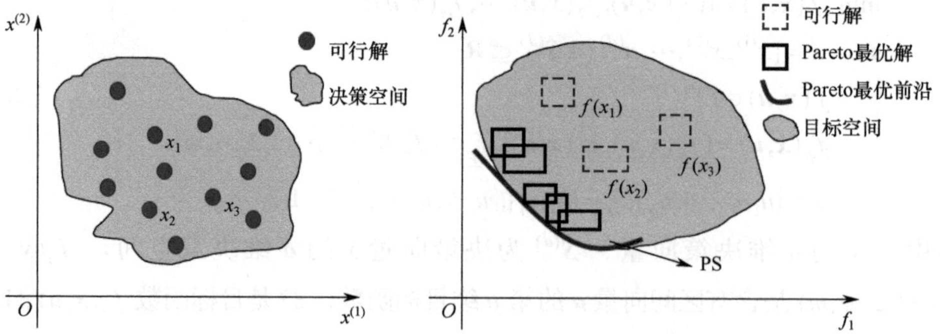

图 2-1　问题（2.1）的 Pareto 重要概念示意图

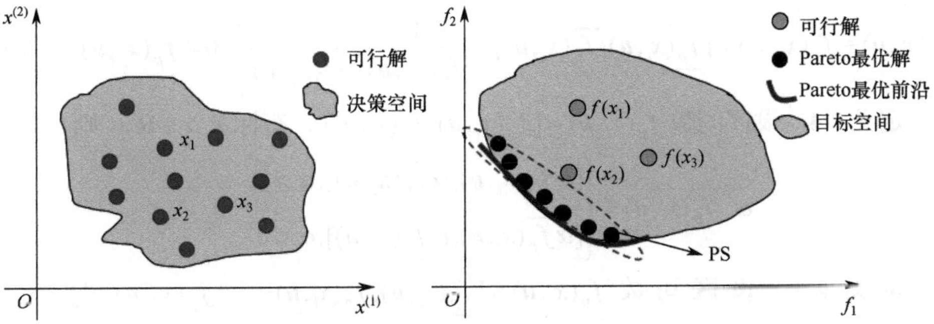

图 2-2　问题（2.2）的 Pareto 重要概念示意图

2.2　区间数的基本知识

本节主要介绍区间数的基本知识[83]，包括区间运算、区间距离和区间向量等。

1．区间运算

定义 2.1　给定区间数 $f_p(x_i,\boldsymbol{u})=[\underline{f_p}(x_i,\boldsymbol{u}),\overline{f_p}(x_i,\boldsymbol{u})]$，其中 $\underline{f_p}(x_i,\boldsymbol{u})$ 和 $\overline{f_p}(x_i,\boldsymbol{u})$ 分别表示 $f_p(x_i,\boldsymbol{u})$ 的下界和上界，$\underline{f_p}(x_i,\boldsymbol{u}),\overline{f_p}(x_i,\boldsymbol{u})\in\mathbf{R}$，且 $\underline{f_p}(x_i,\boldsymbol{u})<\overline{f_p}(x_i,\boldsymbol{u})$。当 $\underline{f_p}(x_i,\boldsymbol{u})=\overline{f_p}(x_i,\boldsymbol{u})$ 时，区间数 $[\underline{f_p}(x_i,\boldsymbol{u}),\overline{f_p}(x_i,\boldsymbol{u})]$ 退化为实数，即区间退化为点。

定义 2.2　若区间数 $f_p(x_i,\boldsymbol{u})$ 等于区间数 $f_p(x_j,\boldsymbol{u})$，则 $\underline{f_p}(x_i,\boldsymbol{u})=\underline{f_p}(x_j,\boldsymbol{u})$，$\overline{f_p}(x_i,\boldsymbol{u})=\overline{f_p}(x_j,\boldsymbol{u})$。

实数的运算法则无法直接应用于区间数，下面简单介绍区间数的四则运算法则及其性质。

定义 2.3　设区间数 $f_p(x_i,\boldsymbol{u})=[\underline{f_p}(x_i,\boldsymbol{u}),\overline{f_p}(x_i,\boldsymbol{u})]$ 和 $f_p(x_j,\boldsymbol{u})=[\underline{f_p}(x_j,\boldsymbol{u}),\overline{f_p}(x_j,\boldsymbol{u})]$，其四则运算法则如下：

$$f_p(x_i,\boldsymbol{u})+f_p(x_j,\boldsymbol{u})=[\underline{f_p}(x_i,\boldsymbol{u})+\underline{f_p}(x_j,\boldsymbol{u}),\overline{f_p}(x_i,\boldsymbol{u})+\overline{f_p}(x_j,\boldsymbol{u})]$$

$$f_p(x_i,\boldsymbol{u})-f_p(x_j,\boldsymbol{u})=[\underline{f_p}(x_i,\boldsymbol{u})-\overline{f_p}(x_j,\boldsymbol{u}),\overline{f_p}(x_i,\boldsymbol{u})-\underline{f_p}(x_i,\boldsymbol{u})]$$

$$\begin{cases} f_p(x_i,\boldsymbol{u})\cdot f_p(x_j,\boldsymbol{u})=[L_{\min},L_{\max}] \\ L_{\min}=\min\left(\underline{f_p}(x_i,\boldsymbol{u})\cdot\underline{f_p}(x_j,\boldsymbol{u}),\underline{f_p}(x_i,\boldsymbol{u})\cdot\overline{f_p}(x_j,\boldsymbol{u}),\overline{f_p}(x_i,\boldsymbol{u})\cdot\underline{f_p}(x_j,\boldsymbol{u}),\overline{f_p}(x_i,\boldsymbol{u})\cdot\overline{f_p}(x_j,\boldsymbol{u})\right) \\ L_{\max}=\max\left(\underline{f_p}(x_i,\boldsymbol{u})\cdot\underline{f_p}(x_j,\boldsymbol{u}),\underline{f_p}(x_i,\boldsymbol{u})\cdot\overline{f_p}(x_j,\boldsymbol{u}),\overline{f_p}(x_i,\boldsymbol{u})\cdot\underline{f_p}(x_j,\boldsymbol{u}),\overline{f_p}(x_i,\boldsymbol{u})\cdot\overline{f_p}(x_j,\boldsymbol{u})\right) \end{cases}$$

$$f_p(x_i,\boldsymbol{u}) \div f_p(x_j,\boldsymbol{u}) = [\underline{f_p}(x_i,\boldsymbol{u}), \overline{f_p}(x_i,\boldsymbol{u})] \cdot \left[\frac{1}{\overline{f_p}(x_j,\boldsymbol{u})}, \frac{1}{\underline{f_p}(x_j,\boldsymbol{u})}\right], 0 \notin f_p(x_j,\boldsymbol{u}) \quad (2.3)$$

定义 2.4 设区间数 $f_p(x_i,\boldsymbol{u}) = [\underline{f_p}(x_i,\boldsymbol{u}), \overline{f_p}(x_i,\boldsymbol{u})]$，有标量 $\alpha \in \mathbf{R}$，则

$$\alpha \cdot f_p(x_i,\boldsymbol{u}) = \begin{cases} [\alpha \underline{f_p}(x_i,\boldsymbol{u}), \alpha \overline{f_p}(x_i,\boldsymbol{u})], \alpha > 0 \\ [\alpha \overline{f_p}(x_i,\boldsymbol{u}), \alpha \underline{f_p}(x_i,\boldsymbol{u})], \alpha < 0 \end{cases} \quad (2.4)$$

定义 2.5 设区间数 $f_p(x_i,\boldsymbol{u}) = [\underline{f_p}(x_i,\boldsymbol{u}), \overline{f_p}(x_i,\boldsymbol{u})]$，$f_p(x_j,\boldsymbol{u}) = [\underline{f_p}(x_j,\boldsymbol{u}), \overline{f_p}(x_j,\boldsymbol{u})]$，$f_p(x_k,\boldsymbol{u}) = [\underline{f_p}(x_k,\boldsymbol{u}), \overline{f_p}(x_k,\boldsymbol{u})]$，其运算性质如下：

$$\begin{cases} f_p(x_i,\boldsymbol{u}) + f_p(x_j,\boldsymbol{u}) = f_p(x_j,\boldsymbol{u}) + f_p(x_i,\boldsymbol{u}) \\ \left(f_p(x_i,\boldsymbol{u}) + f_p(x_j,\boldsymbol{u})\right) + f_p(x_k,\boldsymbol{u}) = f_p(x_i,\boldsymbol{u}) + \left(f_p(x_j,\boldsymbol{u}) + f_p(x_k,\boldsymbol{u})\right) \\ f_p(x_i,\boldsymbol{u}) \cdot f_p(x_j,\boldsymbol{u}) = f_p(x_j,\boldsymbol{u}) \cdot f_p(x_i,\boldsymbol{u}) \\ \left(f_p(x_i,\boldsymbol{u}) \cdot f_p(x_j,\boldsymbol{u})\right) \cdot f_p(x_k,\boldsymbol{u}) = f_p(x_i,\boldsymbol{u}) \cdot \left(f_p(x_j,\boldsymbol{u}) \cdot f_p(x_k,\boldsymbol{u})\right) \end{cases} \quad (2.5)$$

区间数的分配律与实数不同，如对区间数 $f_p(x_i,\boldsymbol{u}) = [1,3]$，$f_p(x_j,\boldsymbol{u}) = [0,2]$，$f_p(x_k,\boldsymbol{u}) = [-2,1]$，有

$$\begin{cases} f_p(x_i,\boldsymbol{u}) \cdot \left(f_p(x_j,\boldsymbol{u}) + f_p(x_k,\boldsymbol{u})\right) = [-2,9] \\ f_p(x_i,\boldsymbol{u}) \cdot f_p(x_j,\boldsymbol{u}) + f_p(x_i,\boldsymbol{u}) \cdot f_p(x_k,\boldsymbol{u}) = [-6,9] \end{cases} \quad (2.6)$$

因此

$$f_p(x_i,\boldsymbol{u}) \cdot \left(f_p(x_j,\boldsymbol{u}) + f_p(x_k,\boldsymbol{u})\right) \neq f_p(x_i,\boldsymbol{u}) \cdot f_p(x_j,\boldsymbol{u}) + f_p(x_i,\boldsymbol{u}) \cdot f_p(x_k,\boldsymbol{u}) \quad (2.7)$$

定义 2.6 对于区间数 $f_p(x_i,\boldsymbol{u})$，设 $f_p^c(x_i,\boldsymbol{u})$、$f_p^r(x_i,\boldsymbol{u})$ 和 $f_p^w(x_i,\boldsymbol{u})$ 分别表示区间数 $f_p(x_i,\boldsymbol{u})$ 的中点、半径和不确定度[84]，即

$$f_p^c(x_i,\boldsymbol{u}) = \frac{\underline{f_p}(x_i,\boldsymbol{u}) + \overline{f_p}(x_i,\boldsymbol{u})}{2} \quad (2.8)$$

$$f_p^r(x_i,\boldsymbol{u}) = \frac{\overline{f_p}(x_i,\boldsymbol{u}) - \underline{f_p}(x_i,\boldsymbol{u})}{2} \quad (2.9)$$

$$f_p^w(x_i,\boldsymbol{u}) = \overline{f_p}(x_i,\boldsymbol{u}) - \underline{f_p}(x_i,\boldsymbol{u}) \quad (2.10)$$

2．区间距离

定义 2.7 设 $f_p(x_i,\boldsymbol{u})$ 和 $f_p(x_j,\boldsymbol{u})$ 为两个区间数，则它们之间的距离定义为：

$$d_1\left(f_p(x_i,\boldsymbol{u}), f_p(x_j,\boldsymbol{u})\right) = \max\{|\underline{f_p}(x_i,\boldsymbol{u}) - \underline{f_p}(x_j,\boldsymbol{u})|, |\overline{f_p}(x_i,\boldsymbol{u}) - \overline{f_p}(x_j,\boldsymbol{u})|\} \quad (2.11)$$

定义 2.8[85] 徐改丽等定义了两个区间数 $f_p(x_i,\boldsymbol{u})$ 和 $f_p(x_j,\boldsymbol{u})$ 之间的距离公

式，即

$$d_2\left(f_p(x_i,\boldsymbol{u}),f_p(x_j,\boldsymbol{u})\right)=\sqrt{\frac{(\underline{f_p}(x_i,\boldsymbol{u})-\underline{f_p}(x_j,\boldsymbol{u}))^2+(\overline{f_p}(x_i,\boldsymbol{u})-\overline{f_p}(x_j,\boldsymbol{u}))^2}{2}} \tag{2.12}$$

定义 2.9[86] 两个区间数的距离公式如下：

$$\begin{gathered} d_3\left(f_p(x_i,\boldsymbol{u}),f_p(x_j,\boldsymbol{u})\right)=\sqrt{E^2+\frac{1}{3}H-\frac{2}{3}(W^r)^2} \\ E=f_p^c(x_i,\boldsymbol{u})-f_p^o(x_j,\boldsymbol{u}) \\ H=f_p^r(x_i,\boldsymbol{u})^2+f_p^r(x_j,\boldsymbol{u})^2 \\ W=f_p(x_i,\boldsymbol{u})\cap f_p(x_j,\boldsymbol{u}) \end{gathered} \tag{2.13}$$

其中，W 表示区间数 $f_p(x_i,\boldsymbol{u})$ 和 $f_p(x_j,\boldsymbol{u})$ 的交集，W^r 为区间 W 的半径。

3．区间向量

定义 2.10 区间向量是由多个区间数组成的向量，其中每个分量都是一个区间。则一个 n 维区间向量 $\boldsymbol{V}$ 可以表示为:

$$\boldsymbol{V}=([a_1,b_1],[a_2,b_2],\cdots,[a_n,b_n])$$

其中，每个分量 $[a_i, b_i]$是一个区间，满足 $a_i \leqslant b_i$（$i=1,2,\cdots,n$）。

定义 2.11 如果一个函数的自变量是区间向量，我们称该函数为区间函数。通过定义 2.8，可以将实数函数的自变量换成区间向量，从而获取区间函数。例如，对实值函数 $y(x)=2x+1$，将自变量 x 换成区间向量 $\boldsymbol{X}$，获得区间函数 $Y(\boldsymbol{X})=2\boldsymbol{X}+1$。当 $\boldsymbol{X}=[3,5]$，可得 $Y(\boldsymbol{X})=[7,11]$。

定义 2.12 给定两个区间向量 $\boldsymbol{F}=(f_1,f_2,\cdots,f_\varepsilon)$ 和 $\boldsymbol{Y}=(y_1,y_2,\cdots,y_\varepsilon)$，它们之间的距离定义为对应分量之间距离的最大值，即

$$d(\boldsymbol{F},\boldsymbol{Y})=\max_{i\in\{1,2,\cdots,\varepsilon\}} d(f_i,y_i) \tag{2.14}$$

其中，$d(f_i,y_i)$ 表示对应分量之间的距离。

2.3 常见的区间基准测试问题

2002 年，Deb 等提出了 DTLZ 和 WFG 基准测试问题，其中 DTLZ 包含 6 个测试函数 DTLZ1 ~ DTLZ6，WFG 包含 9 个测试函数 WFG1 ~ WFG9。在 DTLZ 中，

决策向量 $\boldsymbol{x}=(x_1,x_2,\cdots,x_d)$，其中 $x_i\in[0,1]$，为了便于描述 DTLZ1～DTLZ6，将 d 维决策向量划分成两部分 $\boldsymbol{z}_1=(x_1,x_2,\cdots,x_{m-1})$ 和 $\boldsymbol{z}_2=(x_m,x_{m+1},\cdots,x_d)$。根据文献[93]，DTLZ1、DTLZ3 和 DTLZ6 引入了大量的局部 Pareto 最优前沿，而 DTLZ2 引入了一个球形 Pareto 最优前沿，以测试算法收敛到全局 Pareto 最优前沿的能力。DTLZ4 沿 Pareto 最优前沿生成不均匀的点分布，因此，它在测试解决方案良好分布能力方面具有挑战性。在 DTLZ5 中，它的 Pareto 最优前沿是一个退化超曲面。DTLZ6 具有不连接的 Pareto 最优区域，它将测试算法在目标空间的不连接部分维持子种群的能力。

WFG 测试问题允许调整目标函数的数量、决策变量的数量及目标函数之间的相对权重，从而适应不同的优化问题规模，这使得 WFG 测试问题集具有广泛的应用前景。在设计时考虑了 Pareto 最优前沿的均匀分布，使得测试结果更具代表性，这有助于研究者更准确地评估算法的性能。同时，WFG 测试问题涵盖了各种难度等级，从简单到复杂，以检验算法在不同场景下的性能，包括单峰问题、多峰问题、欺骗性问题及不可分问题等。具体地，根据文献[56]，WFG1 和 WFG6～WFG8 是单峰问题，具有凸面和混合的 Pareto 最优几何形状，通常在加权求和约减中使用不同的权重。WFG2 和 WFG3 是不可分、单峰问题，具有凸面和不连续的 Pareto 最优几何形状。WFG4 是可分、多峰问题，具有凹面的 Pareto 最优几何形状，其多峰性具有比 WFG9 更大的“山丘大小”，因此更具挑战性。WFG5 具有位置和距离两方面的欺骗性，以及凹面的 Pareto 最优几何形状。WFG9 是多峰、欺骗性、不可分问题，具有凹面的 Pareto 最优几何形状，比 WFG2 和 WFG3 更难。此外，WFG4 和 WFG9 均涉及多模态特性。

MaOP 测试问题是通过在决策空间和目标空间中引入简单形逆、多模态、复杂 Pareto 最优前沿、局部简并和简并特征等设计的[83]。这些问题特征在 DTLZ 中没有很好地解决。因此，本章使用 InDTLZ（InDTLZ1～InDTLZ7）的扩展方法，将 MaOP 转化成区间高维多目标优化问题 InMaOP，进一步使用 InMaOP 来测试本节算法的性能，其包含 9 个测试函数 InMaOP1～InMaOP9。

表 2-1 总结了 DTLZ 和 WFG 测试问题的特征，表 2-2 列出了 InMaOP 测试函数的相关特性。由于本书研究的是含区间参数的高维多目标优化问题，上述的 DTLZ、WFG 和 MaOP 测试问题不能直接使用。现阶段，有两种方法将上述问题转化为区间检验问题。一是在目标函数中引入不精确因素。二是将 DTLZ、WFG

和 MaOP 中的确定性参数改为区间参数。第二种方法使得测试问题的生成更加复杂，也可能破坏测试问题原有的多模态、非凸、非均匀特性。另外，用这种方法很难确定 DTLZ 和 WFG 测试问题的真正 Pareto 最优前沿。因此，与其他区间进化算法的文献相同，在上述 DTLZ1～DTLZ6、WFG1～WFG9 测试函数中引入扰动因子[94]，促使它们扩展为目标函数值为区间的基准测试问题。

表 2-1　DTLZ 和 WFG 测试问题的特征

特　性	测 试 函 数
线性	DTLZ1, WFG3
多模态	DTLZ1, DTLZ3, DTLZ6
凹面性	DTLZ2～DTLZ4, WFG4～WFG9
不可分解性	WFG2, WFG3, WFG6
凸面性	WFG2
偏好性	DTLZ4, WFG1,WFG5, WFG7～WFG9
连通性	WFG2, WFG3, WFG6, WFG8, WFG9
退化性	DTLZ5, DTLZ6, WFG3
混合性	WFG1
间断性	DTLZ6, WFG2
欺骗性	WFG5, WFG9

表 2-2　InMaOP 测试函数的相关特性

测 试 函 数	特　性
InMaOP1	单纯形逆，客观尺度，多模态
InMaOP2	复杂的 Pareto 解集
InMaOP3	复杂的 Pareto 解集，偏好性
InMaOP4	复杂的 Pareto 解集，偏好性
InMaOP5	复杂的 Pareto 解集，退化性
InMaOP6	复杂的 Pareto 解集，局部退化性
InMaOP7	复杂的 Pareto 解集，局部退化性
InMaOP8	复杂的 Pareto 解集，局部退化性
InMaOP9	复杂的 Pareto 解集，局部退化性

具体地，各个基准测试函数所采用的扰动因子如下：

$$u_i = \left|\frac{\sin(10\cdot 2^{i-1}\pi\sum_j x_j)}{4}\right|, i=1,2,\cdots,m, j=1,2,\cdots,d \tag{2.15}$$

假设基准测试函数的目标函数是 $f_i(\boldsymbol{x}), i=1,2,\cdots,m$ ，则加入扰动因子后，这些测试函数的区间目标函数为

$$f_i(\boldsymbol{x},\boldsymbol{u})=[\underline{f_i}(\boldsymbol{x},\boldsymbol{u}),\overline{f_i}(\boldsymbol{x},\boldsymbol{u})], i=1,2,\cdots,m$$
$$\underline{f_i}(\boldsymbol{x},\boldsymbol{u})=\min(f_i(\boldsymbol{x})-u_i, f_i(\boldsymbol{x})+u_i) \tag{2.16}$$
$$\overline{f_i}(\boldsymbol{x},\boldsymbol{u})=\max(f_i(\boldsymbol{x})-u_i, f_i(\boldsymbol{x})+u_i)$$

依据式（2.15）定义的函数值 $f_i(\boldsymbol{x},\boldsymbol{u})$ 为区间数，原来的 DTLZ1～DTLZ6，WFG1～WFG9 的目标函数由点值转化为区间数。在本书中，这些转化后的区间测试问题被描述为 InDTLZ1～InDTLZ6 和 InWFG1～InWFG9。虽然上述方法没有将原本的确定性基准测试问题的参数不确定化，但是论文中的算法适用于所有区间型高维多目标优化问题，故对算法的测试没有影响。

2.4 常见的区间性能评价指标

多目标/高维多目标进化算法的结果是一个近似 Pareto 最优解集。性能评价指标旨在对该最优解集和 Pareto 最优前沿进行度量。对于确定性多目标优化问题而言，有许多可以综合评估算法收敛性和多样性的指标，这些指标可以转化为衡量区间多目标进化算法性能的综合评价指标。

在 2～3 个目标的区间优化问题中，Limbourg 和 Aponte 提出了超体积指标和不确定度指标。并将近似 Pareto 最优解集的超体积定义为一个区间[95]，该区间的上限、下限分别表示最好超体积和最差超体积。不确定度[94]则定义为所有解对应于目标空间中超体的体积之和。然而，本书研究的区间高维多目标优化问题中目标维数较大，超体积指标计算复杂、耗时长，故不适用于本书的算法性能测试。因此，文献[56]采用基于区间的反世代距离指标和不确定度指标，值得注意的是，每个确定性测试问题的 Pareto 最优前沿作为每个区间测试问题的真实 Pareto 最优前沿。基于区间的反世代距离指标主要计算由目标函数值的上限构成的最终 Pareto 最优解集与参考集之间的距离。下面详细介绍基于区间的反世代距离（Interval Inverted Generational Distance，IIGD）和不确定度的定义。

定义 2.13 基于区间的反世代距离 IIGD[79]。设 P^* 为一组在整个 Pareto 最优前沿均匀分布的样本点，而 S 为通过区间高维多目标进化算法获得的最优解集，

则解集 S 的 IIGD 指标计算方法如下：

$$\text{IIGD}(P^*,S)=[\underline{\text{IIGD}}(P^*,S),\overline{\text{IIGD}}(P^*,S)]=\frac{\sum_{x\in P^*}\min d(\boldsymbol{x},S)}{|P^*|} \tag{2.17}$$

其中，$|P^*|$ 代表样本点集合 P^* 的大小，$\boldsymbol{x}\in P^*$ 表明 $\boldsymbol{x}$ 是 P^* 中的一个样本点，而 $d(\boldsymbol{x},S)$ 表示从样本点 $\boldsymbol{x}$ 到 Pareto 最优解集中所有解的欧氏距离。该定义是 IIGD 指标的一个推广，这里主要计算由目标函数值的上限构成的最终 Pareto 最优解集与参考集之间的距离，即最远反世代距离。若采用目标函数值的下限，则为最近反世代距离。算法的 IIGD 值越小，表明算法在 IIGD 指标上越具有优势，说明算法具有更好的收敛性和多样性。

定义 2.14 不确定度 IX[67]作为区间高维多目标进化算法特有的性质，用来衡量算法获得的 Pareto 最优解集的不确定性，定义为 Pareto 最优前沿的体积均值。IX 值越小，表明算法获得的解的不确定度越低，算法的性能就越好，计算如下：

$$\text{IX}=\frac{\sum_{i=1}^{N}\prod_{q=1}^{m}(\overline{f_q(x_i)}-\underline{f_q(x_i)})}{N} \tag{2.18}$$

其中，N 和 m 分别表示 Pareto 最优前沿的个体总数和优化问题的目标个数。

2.5 小结

本章主要对区间高维多目标进化优化进行了概述。首先，本章介绍了区间高维多目标优化问题的数学模型、基本定义及概念。然后，本章对区间运算规则、区间距离定义和区间向量等基本知识进行了简要介绍，主要为后续章节算法中个体的目标值计算和比较提供依据。最后，本章详细介绍了常见的区间基准测试问题和区间性能评价指标，为介绍后续章节的研究工作奠定了基础。

第二部分　原理篇

第 ❸ 章

柔性区间 Pareto 支配驱动的区间高维多目标进化算法

本章聚焦于区间高维多目标进化算法中如何保持种群多样性，以及如何设计合适的 Pareto 最优选择机制以保持种群的选择压力等问题，基于现有的区间 Pareto 支配关系，研究柔性区间 Pareto 支配驱动的区间高维多目标进化算法，以进一步提高区间高维多目标优化问题的求解效率。

3.1 引言

正如绪论部分所述，由于区间的特殊性，区间多目标优化问题的求解方法多种多样。对于同一个区间多目标优化问题，不同的评估方法可能会产生不同的最优解。由于 EA 可以在一次运行中同时搜索多个 Pareto 最优解，因此它们成为求解区间多目标优化问题的有效方法。其中，直接求解法旨在通过开发新的进化算法来解决区间多目标优化问题。研究者提出的基于 Pareto 支配关系的 MaOEA，广泛应用于确定性多目标进化算法的开发与设计。然而，对于目标值是区间数的高维多目标优化问题，这些面向确定性目标函数提出的 Pareto 支配关系是不适用的，必须重新定义适用于区间目标函数的 Pareto 支配关系。基本思想是设计新的 Pareto 支配关系或 Pareto 最优变体，通过支配关系来度量个体间的优劣，即采用精英保留策略来选择非支配个体和剔除被支配个体，然后以某种度量策略进一步区分非支配个体。在进化过程中，基于 Pareto 支配关系的 MaOEA 需要考虑两个方面：一是如何保持种群多样性；二是如何设计合适的 Pareto 最优选择机制以保持种群的选择压力。

迄今为止，区间高维多目标进化算法的研究成果较少，且大多数成果涉及修改精确型 Pareto 支配关系，以便直接比较个体优劣。表 3-1 列出经典的精确型 Pareto 支配方法。本章首先通过对现有的区间 Pareto 支配的分析，定义柔性区间 Pareto 支配准则，并给出基于该准则的 Pareto 支配关系及相应的 Pareto 最优解集的性质；然后针对相同 Pareto 非支配层中互不支配的解，提出基于区域划分的多样性维护机制。在基于 Pareto 支配的多目标进化算法框架下，以基于柔性系数的区间 Pareto 支配关系替代传统的 Pareto 支配关系，以新的基于区域划分的多样性维护机制替代传统的区间拥挤距离策略，开发了基于柔性 Pareto 支配的区间高维多目标进化算法（Interval Many-Objective Evolutionary Algorithm based on Flexible Pareto Domination，IMaOEA-FPD）来求解区间参数高维多目标优化问题，并从理论上分析 IMaOEA-FPD 的性能；最后将 IMaOEA-FPD 应用于 15 个区间参数高维多目标优化问题，并与三种典型的区间进化算法进行比较。实验结果表明了 IMaOEA-FPD 的优越性。

表 3-1　经典的精确型 Pareto 支配方法

Pareto 支配方法	描　述
ε-支配[88]	通过系数 ε 对目标函数进行缩放，以变换候选解之间的支配关系，为 MaOP 提供收敛性、多样性和计算复杂性方面的折中解，但对参数 ε 具有很强的依赖性

（续表）

Pareto 支配方法	描　述
α-支配[89]	通过引入个体偏好区域扩大候选解的支配区域，在目标空间中寻找潜在的拐点区域来缓解个体的选择压力，但将解的目标函数进行线性组合，导致一些在某个目标维度上表现优秀的候选解丢失
Grid-支配[90]	通过目标空间网格化，将网格等级、网格拥挤距离和网格坐标点距离引入适应度函数，充分挖掘目标空间的搜索能力，有效地平衡了收敛性和多样性
γ-支配[91]	选择更接近参考点的解决方案以增强多样性，同时保留 Pareto 支配等级最优的个体以保证收敛性
模糊 Pareto 支配[92]	通过 Pareto 支配关系的模糊化，利用泛型排序方法以非标度、非对称等方式为任意向量集分配优势度

3.2 已有的区间 Pareto 支配

1. 基于区间序关系的 Pareto 支配

给定两个可行解 x_i 和 x_j，其对应的第 p 个区间目标函数分别为 $f_p(x_i,\boldsymbol{u})$ 和 $f_p(x_j,\boldsymbol{u})$，$p=1,2,\cdots,m$。Limbourg 和 Aponte 给定的区间序关系如下[67]。

$f_p(x_i,\boldsymbol{u})$ 在区间意义下小于 $f_p(x_j,\boldsymbol{u})$，记作 $f_p(x_i,\boldsymbol{u})<_{\mathrm{IN}} f_p(x_j,\boldsymbol{u})$，当且仅当 $f_p(x_i,\boldsymbol{u})$ 的上界和下界分别不大于 $f_p(x_j,\boldsymbol{u})$ 的上界和下界，且 $f_p(x_i,\boldsymbol{u})\neq f_p(x_j,\boldsymbol{u})$，即

$$
\begin{aligned}
&f_p(x_i,\boldsymbol{u})<_{\mathrm{IN}} f_p(x_j,\boldsymbol{u})\Leftrightarrow\\
&\left(\underline{f_p}(x_i,\boldsymbol{u})\leqslant_{\mathrm{IN}}\underline{f_p}(x_j,\boldsymbol{u})\right)\wedge\left(\overline{f_p}(x_i,\boldsymbol{u})\leqslant_{\mathrm{IN}}\overline{f_p}(x_j,\boldsymbol{u})\right)\wedge\left(f_p(x_i,\boldsymbol{u})\neq f_p(x_j,\boldsymbol{u})\right)
\end{aligned}
\tag{3.1}
$$

$f_p(x_i,\boldsymbol{u})$ 在区间意义下与 $f_p(x_j,\boldsymbol{u})$ 不可比，记作 $f_p(x_i,\boldsymbol{u})\|_{\mathrm{IN}} f_p(x_j,\boldsymbol{u})$，当且仅当 $f_p(x_i,\boldsymbol{u})<_{\mathrm{IN}} f_p(x_j,\boldsymbol{u})$ 和 $f_p(x_j,\boldsymbol{u})<_{\mathrm{IN}} f_p(x_i,\boldsymbol{u})$ 均不成立。

基于以上区间序关系，区间 Pareto 支配关系的定义如下：x_i 区间支配 x_j，记作 $x_i\prec_{\mathrm{IP}} x_j$，当且仅当两种情形：

（1）x_i 的任意区间目标，均在区间意义下小于 x_j 对应的区间目标；

（2）x_i 的任意区间目标与 x_j 对应的区间目标不可比，且至少存在 x_i 的一个区间目标在区间意义下小于 x_j 对应的区间目标，即

$$
x_i\prec_{\mathrm{IP}} x_j\Leftrightarrow\begin{cases}\forall p\in\{1,2,\cdots,m\}: f_p(x_i,\boldsymbol{u})<_{\mathrm{IN}} f_p(x_j,\boldsymbol{u})\vee f_p(x_i,\boldsymbol{u})\| f_p(x_j,\boldsymbol{u})\\ \exists p\in\{1,2,\cdots,m\}: f_p(x_i,\boldsymbol{u})<_{\mathrm{IN}} f_p(x_j,\boldsymbol{u})\end{cases}
\tag{3.2}
$$

若 x_i 和 x_j 不满足上述条件，则称 x_i 和 x_j 互不支配，记作 $x_i \parallel_{\text{IP}} x_j$。

2．基于区间置信水平的随机 Pareto 支配

给定置信水平下目标函数的置信区间，Eskandari 提出了随机解的 Pareto 支配关系[68]。对于解 x_i 和 x_j，其对应的目标函数在预定置信水平下的置信区间分别是 $f_p(x_i,\xi)$ 和 $f_p(x_j,\xi), p=1,2,\cdots,m$，称 x_i 随机支配 x_j，记作 $x_i \prec_{\text{RP}} x_j$。换言之，当且仅当解 x_i 的任一区间目标中点均小于 x_j 对应的区间目标中点，即

$$x_i \prec_{\text{RP}} x_j \Leftrightarrow \forall p \in \{1,2,\cdots,m\}: w(f_p(x_i,\xi) < w(f_p(x_j,\xi))$$
$$w(f_p(x_i,\xi)) = \frac{\underline{f_p}(x_i,\xi)+\overline{f_p}(x_i,\xi)}{2},\quad w(f_p(x_j,\xi)) = \frac{\underline{f_p}(x_j,\xi)+\overline{f_p}(x_j,\xi)}{2} \tag{3.3}$$

其中，$w(f_p(x_i,\xi)$ 和 $w(f_p(x_j,\xi)$ 分别表示解 x_i 和 x_j 的区间目标函数的中点；$\boldsymbol{\xi}$ 为服从正态分布的随机变量（向量）。

若 x_i 既不随机支配 x_j，且 x_j 也不随机支配 x_i，则称 x_i 和 x_j 互不随机支配，记作 $x_i \parallel_{\text{RP}} x_j$。

3．基于区间可信度的 Pareto 支配

鉴于上述两种区间 Pareto 支配关系存在的问题，Gong 等利用区间可信度的概念来定义支配关系，从而评价最优解的质量。在他们提出的基于区间可信度的 Pareto 支配关系[69]中，区间可信度表示一个区间小于另一个区间的概率。

对于问题（2.1），给定两个解 x_i 和 x_j，其对应的第 p 个区间目标函数为 $f_p(x_i,\boldsymbol{u})$ 和 $f_p(x_j,\boldsymbol{u})$，$p=1,2,\cdots,m$。我们称区间 $f_p(x_i,\boldsymbol{u})$ 小于或等于区间 $f_p(x_j,\boldsymbol{u})$ 的概率为区间可信度，即

$$\begin{aligned}
&\delta(x_i,x_j,p) = P\left(f_p(x_i,\boldsymbol{u}) \leqslant f_p(x_j,\boldsymbol{u})\right)\\
&\delta(x_j,x_i,p) = P\left(f_p(x_j,\boldsymbol{u}) \leqslant f_p(x_i,\boldsymbol{u})\right)\\
&\delta(x_i,x_j,p) + \delta(x_j,x_i,p) = 1\\
&p = 1,2,\cdots,m
\end{aligned} \tag{3.4}$$

为了更清晰地了解 x_i 和 x_j 之间支配概率的获取方法，以一个区间目标函数为例，图 3-1 展示了两个区间数之间的六种位置关系，式（3.5）中列出了六种位置关系表现出的支配概率的计算规则。

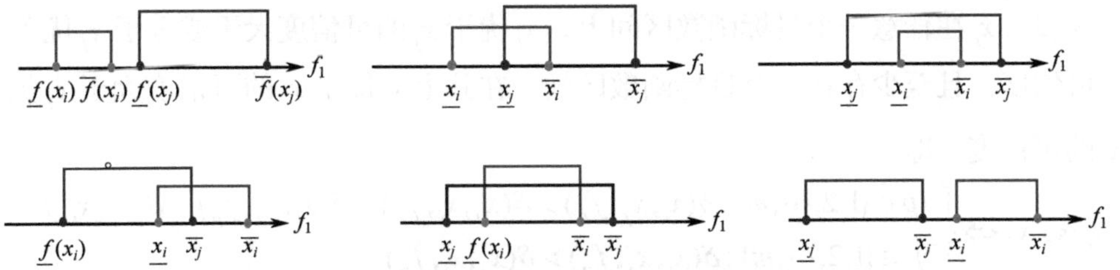

图 3-1　两个区间数之间的六种位置关系

$$
\varphi(f(x_j,\boldsymbol{u})\leqslant f(x_i,\boldsymbol{u}))=\begin{cases}
0, \\
\underline{f}(x_j)\geqslant \overline{f}(x_i) \\
0.5\cdot\left(\dfrac{\overline{f}(x_i)-\underline{f}(x_j)}{\overline{f}(x_j)-\underline{f}(x_j)}\right)\cdot\left(\dfrac{\overline{f}(x_i)-\underline{f}(x_j)}{\overline{f}(x_i)-\underline{f}(x_i)}\right), \\
\underline{f}(x_i)\leqslant \underline{f}(x_j)<\overline{f}(x_i)\leqslant \overline{f}(x_j) \\
\left(\dfrac{\underline{f}(x_i)-\underline{f}(x_j)}{\overline{f}(x_j)-\underline{f}(x_j)}\right)+0.5\cdot\left(\dfrac{\overline{f}(x_i)-\underline{f}(x_i)}{\overline{f}(x_j)-\underline{f}(x_j)}\right), \\
\underline{f}(x_j)<\underline{f}(x_i)<\overline{f}(x_i)\leqslant \overline{f}(x_j) \\
\left(\dfrac{\underline{f}(x_i)-\underline{f}(x_j)}{\overline{f}(x_j)-\underline{f}(x_j)}\right)+\left(\dfrac{\overline{f}(x_j)-\underline{f}(x_i)}{\overline{f}(x_j)-\underline{f}(x_j)}\cdot\dfrac{\overline{f}(x_i)-\overline{x}_j}{\overline{f}(x_i)-\underline{f}(x_i)}\right)+ \\
0.5\cdot\left(\dfrac{\overline{f}(x_j)-\underline{x}_i}{\overline{f}(x_j)-\underline{x}_j}\right)\cdot\left(\dfrac{\overline{f}(x_j)-\underline{x}_i}{\overline{f}(x_i)-x_i}\right), \\
\underline{f}(x_j)<\underline{f}(x_i)\leqslant \overline{f}(x_j)<\overline{f}(x_i) \\
\left(\dfrac{\overline{f}(x_i)-\overline{f}(x_j)}{\overline{f}(x_i)-\underline{f}(x_i)}\right)+0.5\cdot\left(\dfrac{\overline{f}(x_j)-\underline{f}(x_j)}{\overline{f}(x_i)-\underline{f}(x_i)}\right), \\
\underline{f}(x_i)\leqslant \underline{f}(x_j)<\overline{f}(x_j)<\overline{f}(x_i) \\
1, \\
\overline{f}(x_j)<\underline{f}(x_i)
\end{cases}
\tag{3.5}
$$

基于区间可信度，Gong 等提出的区间 Pareto 支配关系定义如下：x_i 区间支配 x_j，记作 $x_i \prec_{\delta} x_j$，当且仅当两种情形：

（1）x_i 在任意一个目标函数区间上，x_i 优于 x_j 的可信度大于 x_j 优于 x_i 的可信度；

（2）x_i 在任意一个目标函数区间上，x_i 优于 x_j 的可信度大于或等于 x_j 优于 x_i 的可信度，且至少存在一个目标函数区间，在其上 x_i 优于 x_j 的可信度大于 x_j 优于 x_i 的可信度，即

$$x_i \prec_\delta x_j \Leftrightarrow \begin{cases} \forall p \in \{1,2,\cdots,m\}: \delta(x_i,x_j,f_p) > \delta(x_j,x_i,f_p) \vee \delta(x_i,x_j,f_p) = \delta(x_j,x_i,f_p) \\ \exists p \in \{1,2,\cdots,m\}: \delta(x_i,x_j,f_p) > \delta(x_j,x_i,f_p) \end{cases} \tag{3.6}$$

若 x_i 不可信度支配 x_j，且 x_j 不可信度支配 x_i，则称 x_i 和 x_j 互不可信度支配，记作 $x_i \parallel_\delta x_j$。

4．基于区间可信度下界的 Pareto 支配

在基于区间可信度下界的 Pareto 支配基础上，Sun 等提出了区间支配可信度下界[70]，用以表征决策者对 $f_p(x_i,\boldsymbol{u})$ 大于 $f_p(x_j,\boldsymbol{u})$ 的接受程度。给定两个解 x_i 和 x_j，对任一目标函数 $f_p(\boldsymbol{x},\boldsymbol{u}), p=1,2,\cdots,m$，若 $f_p(x_i,\boldsymbol{u})$ 小于或等于 $f_p(x_j,\boldsymbol{u})$ 的可信度大于或等于 γ，且至少存在一个 $f_p(\boldsymbol{x},\boldsymbol{u})$，使得 $f_p(x_i,\boldsymbol{u})$ 以大于 0.5 的可信度小于或等于 $f_p(x_j,\boldsymbol{u})$，则称 x_i 以不低于 γ 得到可信度支配 x_j，记作 $x_i \prec_\gamma x_j$，即：

$$x_i \prec_\gamma x_j \Leftrightarrow \begin{cases} \forall p \in \{1,2,\cdots,m\}: P(f_p(x_i,\boldsymbol{u}) \leqslant f_p(x_j,\boldsymbol{u})) \geqslant \gamma \\ \exists \beta \in \{1,2,\cdots,m\}: P(f_\beta(x_i,\boldsymbol{u}) \leqslant f_\beta(x_j,\boldsymbol{u})) > 0.5 \end{cases} \tag{3.7}$$

若 x_i 和 x_j 不满足上述条件，则称 x_i 和 x_j 互不支配，记作 $x_i \parallel_\gamma x_j$。

3.3 已有的区间拥挤距离

对于问题（2.1），假设当前进化种群 $X=\{x_1,x_2,\cdots,x_N\}$，经过区间 Pareto 支配排序后，X 被划分成 $L=\{L_1,L_2,\cdots,L_r\}$ 层。第 L_j（$j=1,2,\cdots,r$）层的个体集合 $X=\{x_i \mid i=1,2,\cdots,\tau\}$，$\tau$ 为该层级的个体数量，不同的拥挤距离定义如下。

经典的 NSGA-Ⅱ算法采用了相同支配层的个体拥挤度来提升种群的多样性，如图 3-2（a）所示。该方法主要通过计算个体与前后个体之间的距离来衡量拥挤度。

定义 3.1（区间拥挤距离[84]） 在相同非支配层的个体 $X=\{x_i \mid i=1,2,\cdots,\tau\}$ 中，个体 x_i 的拥挤距离通过其相邻个体 x_{i-1} 和 x_{i+1} 的区间距离衡量，即

$$\mathrm{SD}_i=\sqrt{\sum_{p=1}^{m}d^2[f_p(x_{i-1},\boldsymbol{u}),f_p(x_{i+1},\boldsymbol{u})]} \tag{3.8}$$

其中，$d[f_p(x_{i-1},\boldsymbol{u}),f_p(x_{i+1},\boldsymbol{u})]$ 表示第 $i-1$ 个个体在第 p 维区间目标函数 $f_p(x_{i-1},\boldsymbol{u})$ 和第 $i+1$ 个个体在第 p 维区间目标函数 $f_p(x_{i+1},\boldsymbol{u})$ 的区间距离。区间拥挤距离越小，表明个体 x_i 进入下一代进化的机会越大，如图 3–2（b）所示。

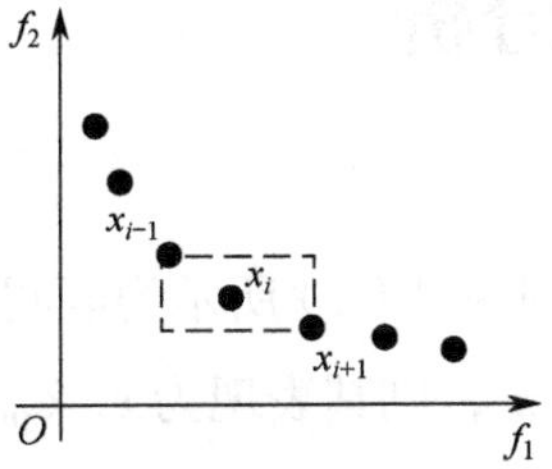

(a) 精确型支配示意图

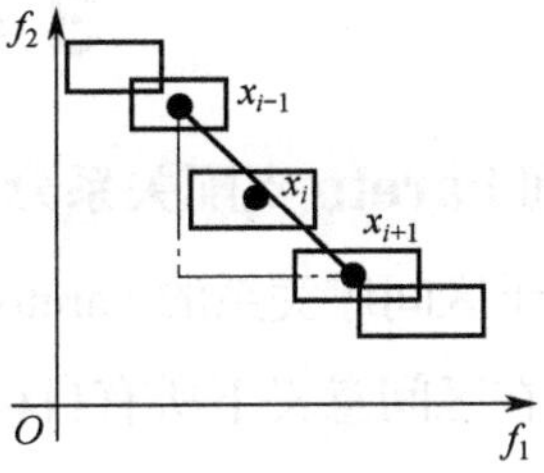

(b) 区间型支配示意图

图 3–2 个体拥挤距离与区间拥挤距离的示意图

定义 3.2 （广义拥挤距离[87]） 在相同支配层的个体 $X=\{x_i\mid i=1,2,\cdots,\tau\}$ 中，个体 x_i 的拥挤距离的计算步骤如下：对于第 p 维目标，首先计算与 x_i 相邻的个体 x_{i-1} 和 x_{i+1} 在该目标函数下的区间距离，然后计算第 p 维目标的最大区间目标和最小区间目标之间的距离，最后个体 x_i 的拥挤距离通过相邻个体区间距离与极值距离的比例之和来衡量，即

$$\mathrm{RD}(x_i)=\begin{cases}\infty & ,x_i\text{是边界解}\\ \displaystyle\sum_{p=1}^{m}\frac{d(f_p(x_{i-1},\boldsymbol{u}),f_p(x_{i+1},\boldsymbol{u}))}{d(f_p^{\max},f_p^{\min})} & ,\text{其他}\end{cases} \tag{3.9}$$

定义 3.3 （区间重叠拥挤距离[69]） 在第 L_j 非支配层上，假设离 x_i 最近的两个最优解分别是 x_{i-1} 和 x_{i+1}，则 x_i 的区间拥挤距离为 x_i 分别与邻居个体 x_{i-1} 和 x_{i+1} 之间的距离的平均值。这里，两个个体的区间距离与重叠程度或中点距离及对应超体的体积有关，重叠程度越小，中点距离越大，对应超体的体积越小，两个最优解的距离越大。因此，解 x_i 的拥挤度为

$$\mathrm{CD}(x_i)=(D(x_i,x_{i-1})+D(x_i,x_{i+1}))/2 \tag{3.10}$$

$$D(x_i,x_{i-1})=\frac{\sum_{p=1}^{m}|W(f_p(x_i,\boldsymbol{u}))-W(f_p(x_{i-1},\boldsymbol{u}))|}{\mu(x_i,x_{i-1})+V(x_i)+V(x_{i-1})+1} \tag{3.11}$$

$$\mu(x_i, x_{i-1}) = \prod_{p=1}^{m} W(f_p(x_i, \boldsymbol{u}) \cap f_p(x_{i-1}, \boldsymbol{u})) \tag{3.12}$$

其中，$W(f_p(x_i,\boldsymbol{u}))$ 和 $V(x_i)$ 分别表示 x_i 的目标函数 $f_p(x_i,\boldsymbol{u})$ 的中点值和超体体积；$\mu(x_i,x_{i-1})$ 则为个体 x_i 与 x_{i-1} 超体的重叠程度。

3.4 问题分析

1. 区间 Pareto 支配关系分析

对于基于区间序关系的 Pareto 支配而言，图 3-3（a）所示为区间 x_i 和 x_j 相离的情形，且在区间意义下所有目标上 x_j 都优于 x_i，则其表现为 $x_j \prec_{\mathrm{IP}} x_i$，决策者更倾向于 x_j。图 3-3（b）表明 x_j 在一个目标函数区间 f_1 上优于 x_i，在另一个目标函数区间 f_2 上与 x_i 区间意义上 $x_j \parallel_{\mathrm{IN}} x_i$，其最终表现为 $x_j \prec_{\mathrm{IP}} x_i$。图 3-3（c）表明在两个目标函数区间上均为 $x_j \parallel_{\mathrm{IN}} x_i$，其区间 Pareto 支配关系为 $x_j \parallel_{\mathrm{IP}} x_i$。图 3-3（d）与图 3-3（c）恰恰相反，$x_i$ 和 x_j 在两个目标函数区间上均表现为 $x_j <_{\mathrm{IN}} x_i$，最终结论为 $x_j \prec_{\mathrm{IP}} x_i$。在图 3-3（e）中，$x_i$ 和 x_j 的位置关系为包含，x_j 在目标函数区间 f_1 上优于 x_i，而 x_i 在目标函数区间 f_2 上优于 x_j，因此，$x_j \parallel_{\mathrm{IP}} x_i$。该区间 Pareto 支配关系与区间序关系联系紧密，区间序关系定义直接影响两个解的性能比较。

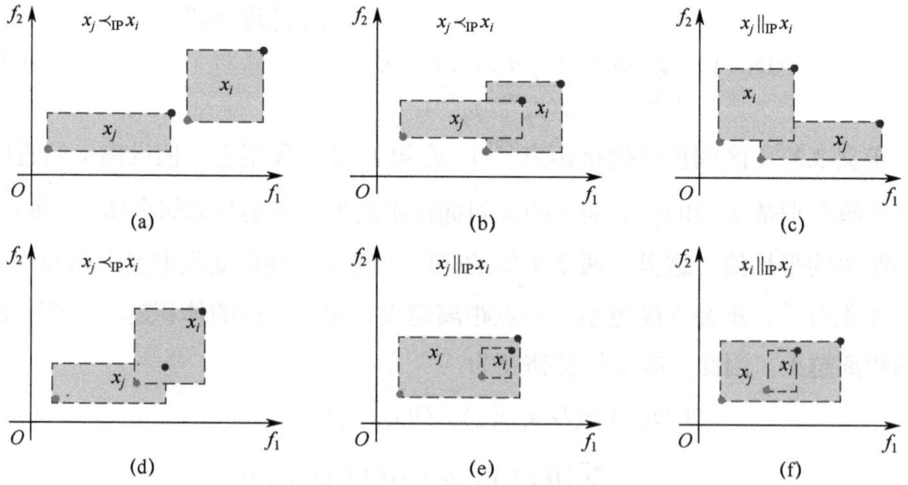

图 3-3 基于区间序关系的 Pareto 支配示意图

针对图 3-3（e）中的解 x_i 和 x_j 在目标空间的位置关系来看，两者是互不支配的，但对于 SPGA 中置信水平下的随机 Pareto 支配（见图 3–4）而言，由于其利用中点值进行个体优劣比较，因此图 3–4（e）中解 x_j 的性能优于 x_i。图 3–4（f）中两个解具有包含的位置关系，且中点值相等，故 $x_i \parallel_{\mathrm{RP}} x_j$。因此，这里定义的区间序关系过于简单，对于具有包含关系的目标函数区间而言，SPGA 中置信水平下的随机 Pareto 支配无法比较出相应解的优劣。与上述 IP-MOEA 中的基于区间序关系的 Pareto 支配相同，两个解在目标空间中处于图 3–4（c）的位置关系时，两者都给出了互不支配的结果。

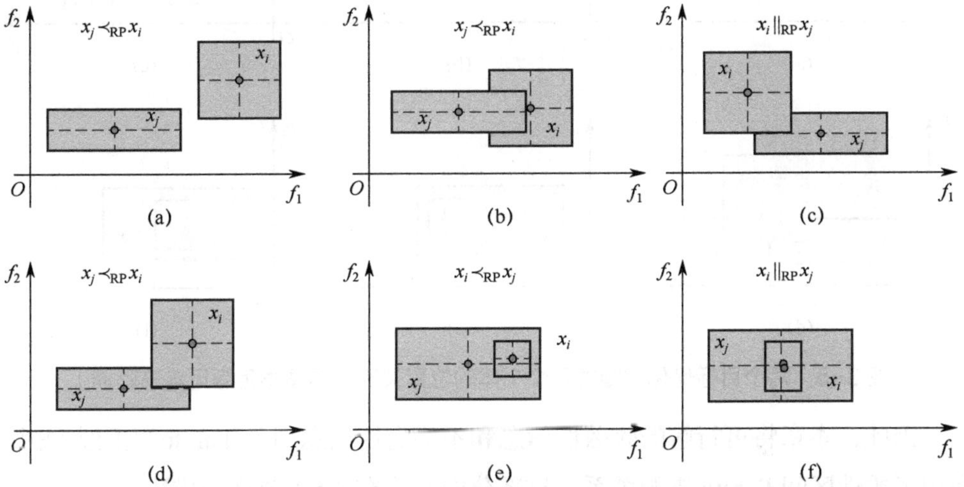

图 3–4　双目标下基于区间置信水平的随机 Pareto 支配示意图

因此，虽然上述式（3.7）定义的支配关系可以进一步避免图 3–3（e）中 x_i 和 x_j 互不支配的情形。但是，对于图 3–3（f）中两个区间存在包含关系，且中点值相等的情形，上述随机支配关系无法区分优劣解。当区间退化为点时，该支配关系比传统的数值型 Pareto 支配关系更苛刻。

此外，基于区间可信度的、基于区间可信度下界的 Pareto 支配，均建立在计算两个区间数之间的支配概率基础上。正如图 3–1 所示，仅仅单目标的情形，就需要分六种情况计算概率值。图 3–5 标记了两个目标优化问题中，两个解（个体）x_i 和 x_j 在目标空间中的六种位置关系。首先，这类 Pareto 支配关系不仅受到位置关系的影响，还受到区间宽度及区间边界点的影响，其支配关系无法直接获取，计算复杂度较高。其次，在多目标进化算法中，Pareto 支配主要用以增强算法在前期进化时的收敛性，但是已有的区间 Pareto 支配关系忽略了收敛性信息。最后，区间不确定性作为区间多目标优化问题的求解关键，需要进化算法获得的 Pareto 最优解集尽可能具有较小的不确定性。而上述现有的 Pareto 支配关系在比较解之间优劣过程中，忽略了不确定性的影响。

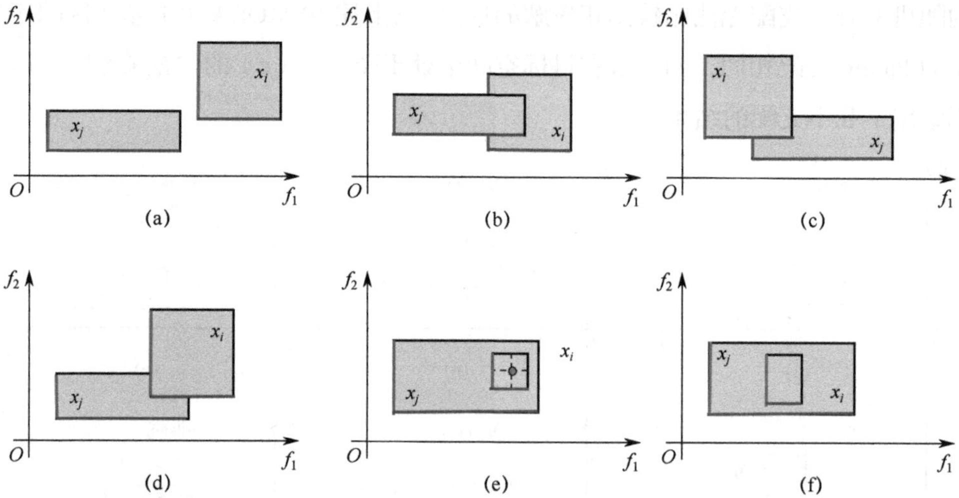

图 3-5　两个目标优化问题中两个个体的位置关系（本图彩色版见本书彩插）

因此，本章将可行解的收敛性信息和不确定性信息引入 Pareto 支配方法中，提出了柔性区间 Pareto 支配关系，这部分内容将在 3.5.1 节详细描述。

2. 区间拥挤距离分析

给定同一支配层的三个个体 x_{i-1}、x_i 和 x_{i+1}，在目标空间中进行如下分析：图 3-6（a）中，x_i 和 x_{i-1} 的体积相同，但位置不同，x_{i+1} 的体积与 x_i 不相等。我们很容易知道区间的中点是一个点，而 x_i 的超体的中点是一个 m 维向量。从图中可以观察到，x_{i-1} 和 x_i 之间的重叠区域大于 x_{i-1} 和 x_{i+1} 之间的重叠区域，则 x_i 和 x_{i-1} 之间的距离小于 x_{i-1} 和 x_{i+1} 之间的距离，表明两个超体的重叠度可以用来反映两个个体的距离，重叠度越大，距离越小。在图 3-6（b）中，x_{i-1} 和 x_{i+1} 具有相同的中点值，而 x_{i-1} 的体积大于 x_{i+1} 的体积；x_i 和 x_{i+1} 有相同的体积，但是它们有不同的中点。此外，个体 x_k 的体积与 x_{i-1}、x_i 或 x_{i+1} 的体积不相同。我们可以观察到 x_i 与 x_k 之间的距离大于 x_{i+1} 与 x_k 之间的距离。x_{i-1} 和 x_{i+1} 具有相同的中点值，但 x_{i-1} 的体

积大于 x_{i+1} 的体积，则 x_{i+1} 与 x_k 之间的距离大于 x_{i-1} 与 x_k 之间的距离。综上所述，个体间的位置和体积可以反映其距离大小。

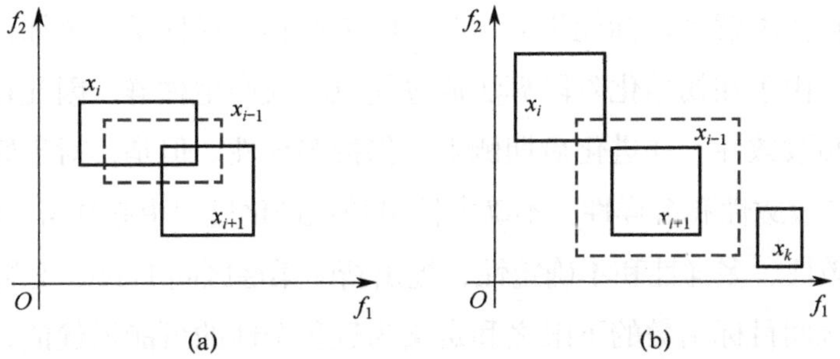

图 3-6 多目标优化问题中个体 x_i 区间拥挤距离的几何表示

上述分析表明，在目标空间中，进化个体的区间拥挤度与两个因素相关，即超体的重叠度和超体间的距离。对于定义 3.1 的区间拥挤距离，其主要考虑位置关系引起的区间距离，而忽略了超体体积对拥挤度的影响，也就是说忽略了不确定性。对于定义 3.2 的广义拥挤距离，其主要考虑两个进化个体之间距离占最远距离的比例，虽然比区间拥挤距离增加了整体性的考虑，但还是忽略了不确定性及重叠部分的因素。而定义 3.3 的区间重叠拥挤距离，全面考虑了超体体积、超体重叠度及超体之间的距离。但是，其定义存在一些缺陷。一方面，利用区间中点之间的距离来表示目标超体之间的距离，当每一维目标宽度较大且重叠区域较小时，区间中点之间的距离无法完全代表超体之间的距离。另一方面，个体 x_i 的区间拥挤度可以表示为 x_i 与其相邻个体的拥挤度，当某邻居个体与 x_i 的中点距离足够小且体积足够大时，其拥挤度很大程度上取决于 x_i 与另一个邻居个体的拥挤度。

针对上述分析，本章进一步对目标空间中同一非支配层的个体拥挤度进行分析，并提出了基于区域划分的多样性维护机制，该部分内容在 3.5.2 节详细描述。

3.5 IMaOEA-FPD 描述

本节详细描述 IMaOEA-FPD。首先，给出柔性区间 Pareto 支配的定义及相应的 Pareto 最优解集的性质。然后，为了进一步区分相同 Pareto 非支配层的个体优劣，详细描述了基于区域划分的多样性维护机制。接着，对 IMaOEA-FPD 的总体框架进行描述。最后，讨论了 IMaOEA-FPD 的计算复杂度。

3.5.1 柔性区间 Pareto 支配关系

用进化算法求解多目标优化问题时，收敛性和多样性是两个评估可行解优劣的重要指标。由于在初始化阶段算法通过随机方式产生种群，因此在进化初期算法侧重于提高收敛性，在进化后期侧重于保持多样性。但是，对于区间多目标优化问题，除了收敛性和多样性，不确定性也是在进化过程中必须考虑的重要指标。本节综合收敛性、多样性和不确定性，提出新的柔性区间 Pareto 支配关系。

本章将区间目标函数的下限之和定义为进化个体的可能最优值，以目标空间表现的目标超体体积衡量个体在整个目标空间的不确定性，并定义为不确定度。值得注意的是，当目标数为 2 时，以目标超体的面积衡量其不确定度。

对于问题（2.1），算法运行至第 t 代时，可行解 x_i 对应的第 p 个区间目标函数分别为 $f_p(x_i,\boldsymbol{u})=[\underline{f_p}(x_i,\boldsymbol{u}),\overline{f_p}(x_i,\boldsymbol{u})]$ 和 $f_p(x_j,\boldsymbol{u})=[\underline{f_p}(x_j,\boldsymbol{u}),\overline{f_p}(x_j,\boldsymbol{u})], p=1,2,\cdots,m$，则 x_i 的可能最优值 $C(x_i)$ 和不确定度 $V(x_i)$ 的计算公式如下：

$$C(x_i)=\sum_{p=1}^{m}\underline{f_p}(x_i,\boldsymbol{u}) \tag{3.13}$$

$$V(x_i)=\prod_{p=1}^{m}\left(\overline{f_p}(x_j,\boldsymbol{u})-\underline{f_p}(x_j,\boldsymbol{u})\right) \tag{3.14}$$

对于可行解 $x_i,x_j\in X,x_i\neq x_j$，依据可能最优值和不确定度，区间 Pareto 支配关系如下：

若两个解 x_i 和 x_j 的可能最优值不相等，且 x_i 和 x_j 的不确定度也不相等，则可能最优值较小且不确定度也小的解支配另一个解。即若 $C(x_i)<C(x_j)$，且 $V(x_i)<V(x_j)$，则 x_i 支配 x_j，记作 $x_i\prec_{\mathrm{CV}}x_j$；若 $C(x_j)<C(x_i)$，且 $V(x_j)<V(x_i)$，则 x_j 支配 x_i，记作 $x_j\prec_{\mathrm{CV}}x_i$。

若两个解 x_i 和 x_j 的可能最优值相等，则不确定度较小的解支配不确定度较大的解。即若 $C(x_i)=C(x_j)$，且 $V(x_i)<V(x_j)$，则 x_i 支配 x_j，记作 $x_i\prec_{\mathrm{CV}}x_j$；若 $C(x_i)=C(x_j)$，且 $V(x_i)>V(x_j)$，则 x_j 支配 x_i，记作 $x_j\prec_{\mathrm{CV}}x_i$。

若两个解 x_i 和 x_j 的不确定度相等，则可能最优值较小的解支配可能最优值较大的解。即若 $C(x_i)<C(x_j)$，且 $V(x_i)=V(x_j)$，则 x_i 支配 x_j，记作 $x_i\prec_{\mathrm{CV}}x_j$；若

$C(x_i) > C(x_j)$，且 $V(x_i) = V(x_j)$，则 x_j 支配 x_i，记作 $x_j \prec_{\mathrm{CV}} x_i$。

若两个解 x_i 和 x_j 中，一个解的可能最优值小于另一个解，但是该解的不确定度较大，则这两个解互不支配。即若 $C(x_i) < C(x_j)$，且 $V(x_i) > V(x_j)$，则 x_i 与 x_j 互不支配，记作 $x_i \parallel_{\mathrm{CV}} x_j$；若 $C(x_j) < C(x_i)$，且 $V(x_j) > V(x_i)$，则 x_i 与 x_j 互不支配，记作 $x_i \parallel_{\mathrm{CV}} x_j$。

依据上述区间 Pareto 支配关系，对图 3-7 所示的解 x_i 和 x_k，其结果表现为 $x_i \parallel_{\mathrm{CV}} x_k$。但是，解 x_i 的可能最优值 $C(x_i)$ 远小于 x_k 的可能最优值 $C(x_j)$，而解 x_i 的不确定度 $V(x_i)$ 和 x_j 的不确定度 $V(x_j)$ 相差不多。这种情况下，解 x_i 比解 x_k 具有更大的收敛性优势。如果采用上述支配规则，可能会在进化过程中丢失这样收敛性较好的解。同样，解 x_k 的可能最优值 $C(x_k)$ 与解 x_j 的可能最优值 $C(x_j)$ 相差不多。但是，解 x_j 的不确定度 $V(x_j)$ 远小于 x_k 的不确定度 $V(x_k)$，如果采用上述支配规则，可能会在进化过程中丢失这样不确定度较小的解。基于此，我们引入柔性系数 γ_1 和 γ_2 来扩展上述支配规则。

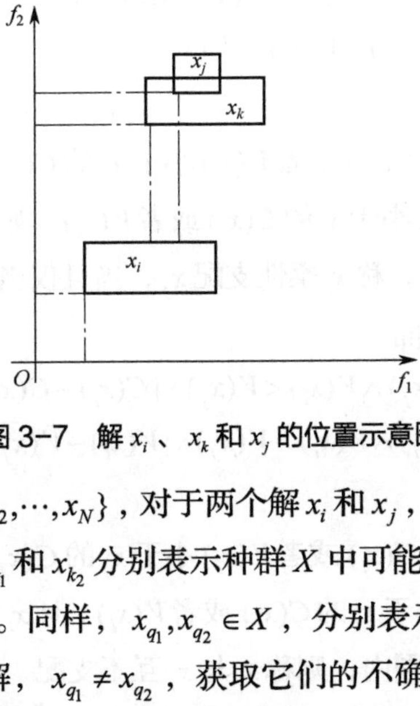

图 3-7　解 x_i、x_k 和 x_j 的位置示意图

在当前种群 $X = \{x_1, x_2, \cdots, x_N\}$，对于两个解 x_i 和 x_j，分别计算它们的可能最优值、不确定度。此外，x_{k_1} 和 x_{k_2} 分别表示种群 X 中可能最优值最小的解和可能最优值最大的解，$x_{k_1} \neq x_{k2}$。同样，$x_{q_1}, x_{q_2} \in X$，分别表示种群 X 中不确定度最小的解和不确定度最大的解，$x_{q_1} \neq x_{q_2}$，获取它们的不确定度 $V(x_{q_1})$ 和 $V(x_{q_2})$。设置 γ_1 和 γ_2 分别表示可能最优值柔性因子和不确定度柔性因子，区间 Pareto 支配规则补充如下。

若 $C(x_i) < C(x_j)$，$V(x_i) > V(x_j)$，且 $|C(x_i) - C(x_j)| < \gamma_1 |C(x_{k_1}) - C(x_{k_2})|$，则称 x_j

满足 γ_1 支配 x_i，记作 $x_j \prec_{\gamma_1} x_i$；若 $C(x_i)<C(x_j)$，$V(x_i)>V(x_j)$，且 $|V(x_i)-V(x_j)|<\gamma_2|V(x_{q_1})-V(x_{q_2})|$，则称 x_i 满足 γ_2 支配 x_j，记作 $x_i \prec_{\gamma_2} x_j$。

若 $C(x_j)<C(x_i)$，$V(x_j)>V(x_i)$，且 $|C(x_i)-C(x_j)|<\gamma_1|C(x_{k_1})-C(x_{k_2})|$，则称 x_i 满足 γ_1 支配 x_j，记作 $x_i \prec_{\gamma_1} x_j$；若 $C(x_j)<C(x_i)$，$V(x_j)>V(x_i)$，且 $|V(x_i)-V(x_j)|<\gamma_2|V(x_{q_1})-V(x_{q_2})|$，则称 x_j 满足 γ_2 支配 x_i，记作 $x_j \prec_{\gamma_2} x_i$。

若 $C(x_i)<C(x_j)$，$V(x_i)>V(x_j)$，且 x_i 和 x_j 既不满足条件 $|C(x_i)-C(x_j)|<\gamma_1|C(x_{k_1})-C(x_{k_2})|$，也不满足条件 $|V(x_i)-V(x_j)|<\gamma_2|V(x_{q_1})-V(x_{q_2})|$，则 x_i 与 x_j 互不支配，记作 $x_i \|_{\gamma_1\gamma_2} x_j$。

综上分析，我们给出柔性区间 Pareto 支配关系的定义。

在一个区间参数高维多目标优化问题中，对于可行解 x_i 和 x_j，如果 x_i 的可能最优值 $C(x_i)$ 和不确定度 $V(x_i)$ 均小于或等于 x_j 的可能最优值 $C(x_j)$ 和不确定度 $V(x_j)$，且至少存在一个 $C(x)$ 使得 $C(x_i)$ 小于 $C(x_j)$ 或者至少存在一个 $V(x)$ 使得 $V(x_i)$ 小于 $V(x_j)$，则称 x_i 支配 x_j，记作 $x_i \prec_{\mathrm{CV}} x_j$，即

$$\begin{aligned} x_i \prec_{\mathrm{CV}} x_j \Leftrightarrow\ & C(x_i)\leqslant C(x_j)\wedge V(x_i)\leqslant V(x_j)\,\|\,C(x_i,z)\leqslant C(x_j,z)\vee V(x_i)<V(x_j) \\ & \ldots\|\,C(x_i,z)<C(x_j,z)\vee V(x_i)\leqslant V(x_j) \end{aligned} \tag{3.15}$$

如果 x_i 有且仅有一个 $C(x_i)$ 或者 $V(x_i)$ 小于 x_j 的 $C(x_j)$ 或者 $V(x_j)$，且 x_j 也有且仅有一个 $C(x_j)$ 或者 $V(x_j)$ 小于 x_i 的 $C(x_i)$ 或者 $V(x_i)$，则引入可能最优值柔性因子 γ_1 和不确定度柔性因子 γ_2，称 x_i 柔性支配 x_j，当且仅当 x_i 的可能最优值或不确定度在柔性松弛的范围内，即

$$\begin{aligned} x_i \prec_{\gamma_1\gamma_2} x_j \Leftrightarrow\ & C(x_i)>C(x_j)\wedge V(x_i)<V(x_j)\wedge|C(x_i)-C(x_j)|<\gamma_1\cdot|C(x_{k_1})-C(x_{k_2})| \\ & \|\,C(x_i)<C(x_j)\wedge V(x_i)>V(x_j)\wedge|V(x_i)-V(x_j)|<\gamma_2\cdot|V(x_{q_1})-V(x_{q_2})| \end{aligned} \tag{3.16}$$

如果 x_i 有且仅有一个 $C(x_i)$ 或者 $V(x_i)$ 小于 x_j 的 $C(x_j)$ 或者 $V(x_j)$，x_j 也有且仅有一个 $C(x_j)$ 或者 $V(x_j)$ 小于 x_i 的 $C(x_i)$ 或者 $V(x_i)$，且 x_i 和 x_j 的可能最优值或不确定度均不在柔性松弛的范围内，则称 x_i 与 x_j 互不支配，记作 $x_i \|_{\gamma_1\gamma_2} x_j$。

对于同一个多目标优化问题，不同的 Pareto 支配关系可能获得不同的 Pareto 最优解集。本节提出的柔性区间 Pareto 支配关系的 Pareto 最优解集的相关定义在下面给出。

定义 3.4 （$\gamma_1\gamma_2$-Pareto 最优解） 对于问题（2.1），如果 $x^* \in S$，不存在 $x' \in S$，使得 $x' \prec_{CV} x^*$，且不存在 $x' \in S$，使得 $x' \prec_{\gamma_1\gamma_2} x^*$，则称 x^* 为柔性区间支配的 Pareto 最优解，简称 $\gamma_1\gamma_2$-Pareto 最优解。

定义 3.5 （$\gamma_1\gamma_2$-Pareto 最优解集） 所有 $\gamma_1\gamma_2$-Pareto 最优解的集合，称为 $\gamma_1\gamma_2$-Pareto 最优解集，记作 X^*。

定义 3.6 （$\gamma_1\gamma_2$-Pareto 最优前沿） 所有 $\gamma_1\gamma_2$-Pareto 最优解对应的目标函数区间（在目标空间表现为超体）的集合，称为 $\gamma_1\gamma_2$-Pareto 最优前沿。

3.5.2 基于区域划分的多样性维护机制

现有的多样性维护机制通常采用区间拥挤度策略，对于同一支配层的进化个体 x_i，其拥挤度通过与其上下邻居个体之间的拥挤度来衡量。与现有方法不同的是，本节提出的多样性维护机制是基于区域划分的，即通过个体所在区域的松弛度对拥挤度进行衡量，进而维护种群多样性。其基本思路如下：

在进化的每一代中，在目标空间第 L_i（$i=1,2,\cdots,\tau$）层的个体如图 3−8（a）所示。由于进化个体 x_i 的拥挤度与其上下邻居个体有关，我们将个体 x_i、前一个个体 x_{i-1} 及后一个个体 x_{i+1} 所形成的最大区域看作个体 x_i 在目标空间中的影响区域。如图 3−8（b）所示，为计算个体 x_3 的区域松弛度，我们将 x_2、x_3 和 x_4 形成的最大区域看作 x_3 的影响区域，并通过外层和内层两个维度来衡量 x_3 的区域松弛度。外层因素是 x_3 的影响区域与整个目标空间区域的关系，内层因素是在 x_3 的影响区域内部 x_2、x_3 和 x_4 的位置关系。

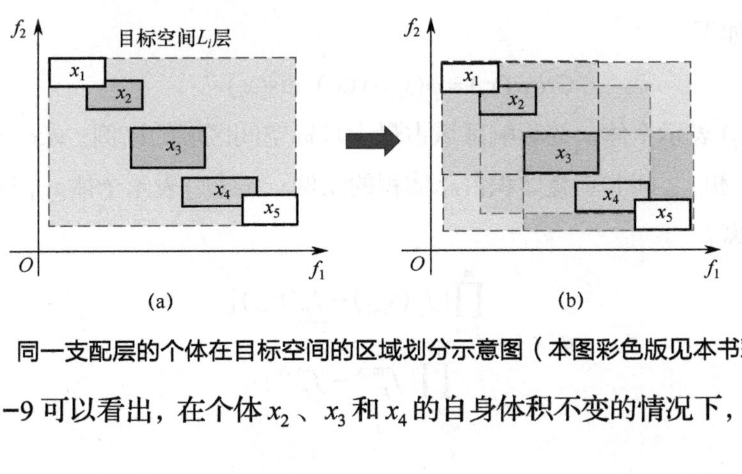

图 3−8 同一支配层的个体在目标空间的区域划分示意图（本图彩色版见本书彩插）

从图 3−9 可以看出，在个体 x_2、x_3 和 x_4 的自身体积不变的情况下，x_3 的影响区域在目标空间的占比越大，其在目标空间越松弛。图 3-10 中，在 x_3 的影响区域大小不变的情况下，个体 x_2、x_3 和 x_4 的重叠部分越多，体积越大，x_3 在目标空间越松弛，表明 x_3 在种群中的多样性越好。依据上述分析，本节提出了基于区域划分的多样性维护机制，具体内容如下所述。

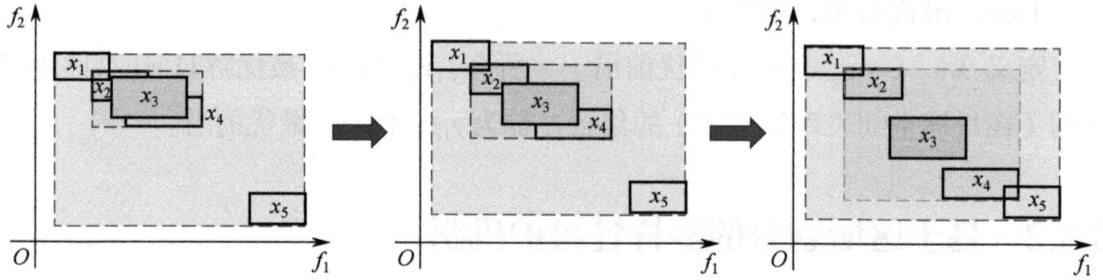

图 3-9　体积不变时个体影响区域对目标空间松弛度的影响示意图（本图彩色版见本书彩插）

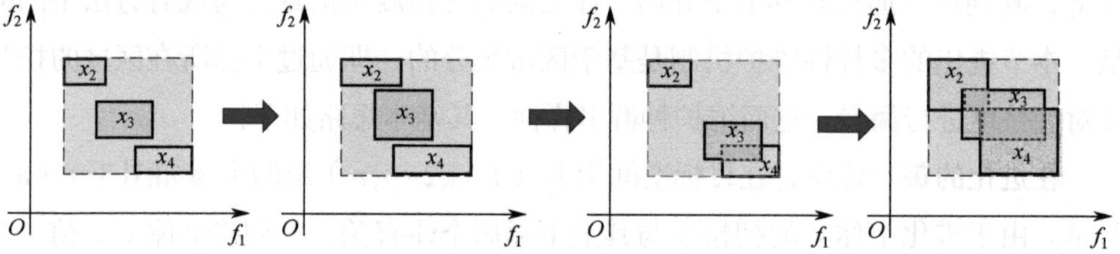

图 3-10　影响区域不变时个体体积对目标空间松弛度的影响示意图（本图彩色版见本书彩插）

在当前种群 $X=\{x_1,x_2,\cdots,x_N\}$ 中，按柔性区间 Pareto 支配关系排序后，种群 X 被划分为 $L=\{L_1,L_2,\cdots,L_r\}$ 层。第 L_r（$r=1,2,\cdots,R$）层的个体集合 $X_{L_i}=\{x_i\,|\,i=1,2,\cdots,\tau\}$，$\tau$ 为该层级的个体数量，将集合 X_{L_i} 中的所有个体按可能最优值 $C(x_i)$ 排序后，个体 x_i 的两个邻居个体分别为 x_{i-1} 和 x_{i+1}。个体 x_i 的基于区域划分的松弛度计算公式如下。

$$\mathrm{Crow}(x_i)=\varphi(x_i)\cdot v(x_i)\cdot \mathrm{dis}(x_i) \tag{3.17}$$

其中，$\varphi(x_i)$ 表示个体 x_i 的影响区域占最大目标空间区域的比例；$v(x_i)$ 表示个体 x_i 和 x_{i-1}，x_i 和 x_{i+1} 间非重叠体积占总体积的比例；$\mathrm{dis}(x_i)$ 表示个体 x_{i-1} 与 x_{i+1} 间的区间向量距离。

$$\varphi(x_i)=\frac{\prod_{p=1}^{m}|\overline{f_p}(x_{i+1})-\underline{f_p}(x_{i-1})|}{\prod_{p=1}^{m}|f_p^{\max}-f_p^{\min}|} \tag{3.18}$$

$$f_p^{\max} = \max(\overline{f_p}(x_1,\boldsymbol{u}), \overline{f_p}(x_2,\boldsymbol{u}), \cdots, \overline{f_p}(x_\tau,\boldsymbol{u})), \tag{3.19}$$

$$f_p^{\min} = \min(\underline{f_p}(x_1,\boldsymbol{u}), \underline{f_p}(x_2,\boldsymbol{u}), \cdots, \underline{f_p}(x_\tau,\boldsymbol{u})) \tag{3.20}$$

$$v(x_i) = 1 - \frac{\left(\prod_{p=1}^{m} f_p(x_i,\boldsymbol{u}) \cap f_p(x_{i-1},\boldsymbol{u}) + \prod_{p=1}^{m} f_p(x_i,\boldsymbol{u}) \cap f_p(x_{i+1},\boldsymbol{u})\right)}{V(x_i)+V(x_{i-1})+V(x_{i+1})} \tag{3.21}$$

$$\mathrm{dis}(x_i) = d(x_i, x_{i-1}) + d(x_i, x_{i+1}) \tag{3.22}$$

$$d(x_i,x_{i+1}) = \max\left\{d(f_1(x_i,\boldsymbol{u}), f_1(x_{i+1},\boldsymbol{u})), d(f_2(x_i,\boldsymbol{u}), f_2(x_{i+1},\boldsymbol{u})), \cdots, d(f_p(x_i,\boldsymbol{u}), f_p(x_{i+1},\boldsymbol{u}))\right\} \tag{3.23}$$

其中，$f_p^{\max}$ 和 $f_p^{\min}$ 分别表示集合 X_{L_i} 中第 p 个目标的最大上限值和最小下限值；$f_p(x_i,\boldsymbol{u}) \cap f_p(x_{i-1},\boldsymbol{u})$ 表示个体 x_i 和个体 x_{i-1} 的第 p 个目标函数的重叠区域。因此，x_i 的区域 $\varphi(x_i)$ 越大，个体在影响区域内的非重叠体积 $v(x_i)$ 越大，且个体间的距离 $\mathrm{dis}(x_i)$ 越大，则 x_i 在目标空间中越松弛，表明其多样性越好。

3.5.3 IMaOEA-FPD 框架

本章将柔性区间 Pareto 支配关系和基于区域划分的多样性维护机制及 NSGA-Ⅱ框架相结合，得到了 IMaOEA-FPD 框架，其伪代码在算法 3.1 中给出，图 3-11 所示为该算法的流程图。

算法 3.1 IMaOEA-FPD 框架的伪代码

输入： 最大迭代次数 T，种群规模 N，柔性因子 γ_1 和 γ_2，交叉概率 p_c，变异概率 p_m；

输出： Pareto 最优解集

1. 随机初始化种群 $X_{(t)} = \{x_1, x_2, \cdots, x_N\}$，$t=0$；
2. 计算所有个体目标函数值 $f_p(x_i,\boldsymbol{u}), p=1,2,\cdots,m \quad i=1,2,\cdots,N$
3. **While** $t<T$ **do**
4. MP = 锦标赛选择算子($X_{(t)}$)；
5. $Q_{(t)}$ = 模拟二进制交叉算子(MP)；
6. $Q_{(t)}$ =多项式变异算子($Q_{(t)}$)；
7. $X'_{(t)} = X_{(t)} \cup Q_{(t)}$；
8. $L = (L_1, L_2, \cdots, L_r) \longleftarrow$ Pareto-dominated-sort ($X'_{(t)}$)；
9. $X'_{(t+1)} \longleftarrow \varnothing$； $i=1$
10. **Repeat**

计算 L_i 层的进化个体的松弛度；

下一代种群包含第 L_i 层前沿的所有个体；

$i \longleftarrow i+1$；

Until $(|X'_{(t+1)}|+|L_i| \leqslant N)$

Sort ($S(L_i)$, "Descend")；

$X'_{(t+1)} \longleftarrow X'_{(t+1)} \cup L_i[1:(N-|X'_{(t+1)}|)]$；

$t \longleftarrow t+1$

End While

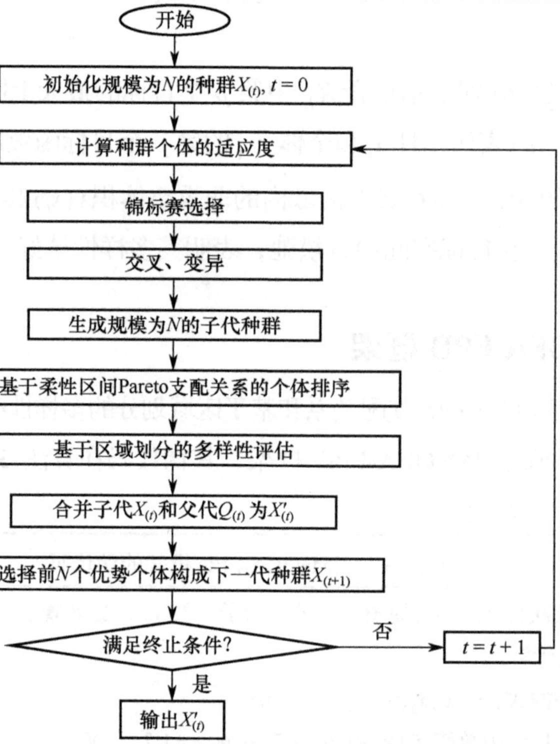

图 3-11　IMaOEA-FPD 的流程图

初始化阶段：随机产生种群 $X_{(t)}=\{x_1,x_2,\cdots,x_N\}$， N 为种群规模，取进化代数 $t=0,t\leqslant T$,T 为最大迭代次数，设置可能最优值柔性因子 γ_1 和不确定度柔性因子 γ_2。

遗传阶段：通过用规模为 2 的锦标赛选择、模拟二进制交叉和多项式变异等遗传操作，生成一个规模为 N 的子代种群 $Q_{(t)}=\{q_1,q_2,\cdots,q_N\}$。

快速非支配排序阶段：合并父代种群 $X_{(t)}$ 和子代种群 $Q_{(t)}$， 记作 $X'_{(t)}=\{x_1,x_2,\cdots,x_{2N}\}$。通过柔性区间 Pareto 支配关系对 $X'_{(t)}$ 中的所有个体进行排序，获得非

支配等级 $L_{(t)}=\{L_1,L_2,\cdots,L_r\}$ ，并通过基于区域划分的多样性维护机制计算具有相同非支配等级的个体的松弛度。

精英保留阶段：从 L_1 层开始选取个体进入下一代种群，直到满足最大规模 N 。当选择到某一个非支配层时，个体数量超过规定的规模，则通过比较该非支配层中个体的松弛度，选择松弛度较大的个体进入下一代种群。

对上述几个阶段进行循环，直到达到最大迭代次数 T 时算法结束。

3.5.4 复杂度分析

本章提出的 IMaOEA-FPD 在一次迭代中，包含个体适应值计算、遗传操作、柔性区间 Pareto 支配关系排序、个体松弛度计算、基于松弛度排序等五个部分。当种群大小为 N 、目标空间维度为 M 时，对于个体适应值计算和遗传操作的时间复杂度可以忽略不计。柔性区间 Pareto 支配关系排序的时间复杂度为 $O(M\times N\log N)$ ，最坏的情况下，N 个个体均在同一层，即种群所有解互不支配，则柔性区间 Pareto 支配关系排序的时间复杂度为 $O(N^2M)$ 。个体松弛度的时间复杂度为 $O((2N)^{M-1})$ ，而基于松弛度的排序时间复杂度为 $O(2N\log(2N))$ 。通过上述五个基本操作构建规模为 N 的新种群所花费的时间复杂度为 $O(N^2M)$ 。为此，IMaOEA-FPD 的时间复杂度为 $O(N^2M)$ 。

3.5.5 收敛性分析

在进化算法中，收敛性分析是重要的基础理论。给定一个优化问题，收敛性分析旨在分析种群是否一定能收敛到该优化问题的全局最优解。本节给出了 IMaOEA-FPD 的收敛性分析。

给定一个区间参数高维多目标优化问题，假设某个进化算法在第 t 代的进化种群为 $X(k)=\{x_1(k),x_2(k),\cdots,x_N(k)\,|\,x_i(k)\in S\}$ ，而 $X_{\text{true}}(t)$ 则表示理论上该优化问题的 Pareto 最优前沿对应的种群，$X_{\text{true}}(t)=\{x_{\text{true}_1}(t),x_{\text{true}_2}(t),\cdots,x_{\text{true}_N}(t)\,|\,x_{\text{true}_i}(t)\in S\}$ ，种群 $X(t)$ 和 $X_{\text{true}}(t)$ 的大小均为 N 。设种群 $X(t)$ 在第 t 代目标空间对应的 Pareto 最优前沿为 $F(t)$ ，种群 $X_{\text{true}}(t)$ 的 Pareto 最优前沿为 F_{true} 。$\|\cdot\|$ 表示在区间实数空间上定义的区间范数，若 $P\{\lim\limits_{t\to\infty}\|F(t)-F_{\text{true}}\|\leqslant\varepsilon\}=1$ ，则称该进化算法按照区间范数 $\|\cdot\|$ 依概率收敛到 Pareto 最优前沿 F_{true} ，ε 是任意小的正数。以无约束的精确型多目标优

化问题为例，则有：

$$\begin{aligned}&F(k)=(F(x_i(k),\boldsymbol{u})),i=1,2,\cdots,N\\&F(x_i(k),\boldsymbol{u})=(f_p(x_i(k),\boldsymbol{u})),p=1,2,\cdots,m\\&F_{\text{true}}=(F(x_{ij}(k),\boldsymbol{u})),j=1,2,\cdots,N\\&F(x_{ij}(k),\boldsymbol{u})=(f_p(x_{ij}(k),\boldsymbol{u})),p=1,2,\cdots,m\end{aligned} \tag{3.24}$$

区间范数$\|\cdot\|$如下：

$$\|F(t)-F_{\text{true}}\|=\sum_{i=1}^{N}\left(\min_{x_{ij}(k)}\left(\sqrt{\sum_{p=1}^{m}d^2(f_p(x_i(k),\boldsymbol{u}),f_p(x_{ij}(k),\boldsymbol{u}))}\right)\right),j=1,2,\cdots,N \tag{3.25}$$

其中，$d(f_p(x_i(k),\boldsymbol{u}),f_p(x_{ij}(k),\boldsymbol{u}))$表示区间$f_p(x_i(k),\boldsymbol{u})$与区间$f_p(x_{ij}(k),\boldsymbol{u})$的距离。

定义 3.7 设一个随机序列ξ_n（$n=1,2,\cdots$）定义在概率空间(Ω,F,P)上，如果存在一个随机变量ξ，使得$\forall\varepsilon^*>0$，有$\lim\limits_{n\to\infty}P(\|\xi_n-\xi\|<\varepsilon^*)=1$，则称随机序列$\xi_n$（$n=1,2,\cdots$）依概率收敛于随机变量$\xi$。

定义 3.8 设在概率空间$(\Omega,F,\boldsymbol{P})$上有一个随机序列$X^*=\{X_k^*,k\in K\}$，如果任意状态$i_0,i_1,\cdots,i_{k+1}\in S$，则对于任意的非负整数$k$，只要$P\{X_0^*=i_0,X_1^*=i_1,\cdots,X_k^*=i_k\}>0$，总有$P\{X_{k+1}^*=i_{k+1}\mid X_k^*=i_k,X_{k-1}^*=i_{k-1},\cdots,X_0^*=i_0\}=P\{X_{k+1}^*=i_{k+1}\mid X_k^*=i_k\}$成立，则称$X^*=\{X_k^*,k\in K\}$为马尔可夫链。若第$k$次的转移概率为$P\{X_{k+1}^*=i_{k+1}\mid X_k^*=i_k\}=P\{X_{k+1}^*=j\mid X_k^*=i\}=P_{ij}(k)$，则称矩阵$\boldsymbol{P}(k)=(P_{ij}(k)),i,j\in S$为转移概率矩阵。若转移概率矩阵$\boldsymbol{P}(k)$只与状态$i,j$有关，而与$k$无关，则称马尔可夫链是齐次的。若$P_{ij}(k)\in[0,1]$，且$\sum\limits_{j=1}^{|S|}P_{ij}(k)=1,i\in S$，则称矩阵$\boldsymbol{P}(k)$为随机矩阵。对于随机矩阵$\boldsymbol{P}(k)$，若对$\forall i,j\in S$,存在$k\in N^+$，使得$P_{ij}(k)>0$，则称随机矩阵$\boldsymbol{P}(k)$是不可约的。

定义 3.9 对于任意矩阵$\boldsymbol{G}=(g_{ij})_{n\times m}$，若满足$g_{ij}\geqslant 0,i=1,2,\cdots,n,j=1,2,\cdots,m$，则称其为非负矩阵；若满足$g_{ij}>0,i=1,2,\cdots,n,j=1,2,\cdots,m$，则称其为正矩阵。

引理 3.1 若某种进化算法产生的种群为$X(k),k\geqslant 0$，$X(k)$是齐次有限马尔可夫链，并且其转移矩阵不可约，则$P\{\lim\limits_{k\to\infty}\|F(k)-F_{\text{true}}\|\leqslant\varepsilon'\}=1$依概率成立。

只需要证明本章提出的算法满足引理 3.1 即可，即满足下面三个条件。

（1）由本章算法产生的解空间是有限的。

对于优化问题，虽然算法求解的是一个连续的优化问题，但在确定的精度意义下，可以把算法状态空间 S 看成有限集。

（2）由算法产生的随机种群 $X(k)(k \geqslant 0)$ 是齐次有限马尔可夫链。

本章提出的 IMaOEA-FPD 中，遗传算子包括模拟二进制交叉、多项式变异及精英策略。经过遗传算子的运算后，算法产生的随机序列 $X(k)(k \geqslant 0)$ 可由状态 i 转移到状态 j 。这是因为这些进化算子不随迭代次数的变化而变化，且 $X(k)(k \geqslant 0)$ 与迭代次数 k 所处的状态有关，而与 k 以前的任何状态无关。该算法产生的种群序列 $X(k)(k \geqslant 0)$ 是齐次有限马尔可夫链。

（3）不可约状态转移矩阵。

在本章提出的 IMaOEA-FPD 中，模拟二进制交叉、多项式变异、精英策略这三种遗传操作的状态转移矩阵为 $\boldsymbol{P}_{\mathrm{c}}(k)$ 、$\boldsymbol{P}_{\mathrm{m}}(k)$ 和 $\boldsymbol{P}_{\mathrm{e}}(k)$ 。经过交叉、变异和精英策略操作后产生的种群分别为 $N_{\mathrm{c}}(k)$ 、$N_{\mathrm{m}}(k)$ 和 $N_{\mathrm{e}}(k)$ ，总的转移矩阵为 $\boldsymbol{P}^*(k)=\boldsymbol{P}_{\mathrm{c}}(k)\cdot\boldsymbol{P}_{\mathrm{m}}(k)\cdot\boldsymbol{P}_{\mathrm{e}}(k)$ 。

对于某父代的交叉搜索有范围的限制，导致一些状态搜索不到，因此 $P_{ij}^{\mathrm{c}}(k)\geqslant 0$ ，$\sum_{j=1}^{S}P_{ij}^{\mathrm{c}}(k)=1$ ，即 $\boldsymbol{P}_{\mathrm{c}}(k)$ 为随机矩阵。

对于多项式变异操作，父代可以变异到有限状态空间的任一状态，故 $P_{ij}^{\mathrm{m}}(k)\geqslant 0$ ，$\sum_{j=1}^{S}P_{ij}^{\mathrm{m}}(k)=1$ ，即 $\boldsymbol{P}_{\mathrm{m}}(k)$ 为行列数相同的正矩阵。

在精英策略中没有随机变量，按照固有的规律进行运算，$P_{ij}^{\mathrm{e}}(k)=0$ 或者 $P_{ij}^{\mathrm{e}}(k)-1$ ，$\sum_{j=1}^{S}P_{ij}^{\mathrm{e}}(k)=1$ ，即 $\boldsymbol{P}_{\mathrm{e}}(k)$ 为随机矩阵。

综上所述，本章提出的算法的总转移矩阵 $\boldsymbol{P}^*(k)$ 为行列数相同的正矩阵。而行列数相同的正矩阵一定不可约。因此，本章提出的 IMaOEA-FPD 满足引理 3.1 中的条件，故结论成立。

3.6 仿真实验

3.6.1 参数设置

本章采用 InDTLZ1～InDTLZ6 和 InWFG1～InWFG9 15 个测试函数，通过实

验研究验证 IMaOEA-FPD 的性能。下面给出实验的相关参数设置。

决策变量设置：InDTLZ 和 InWFG 基准测试问题的决策变量数为 $n=k+l$，其中 k 和 l 分别称为位置相关参数和距离相关参数。对于 InDTLZ 基准测试问题，采用 InDTLZ1～InDTLZ6 进行模拟实验，其中 k 总是固定的，且与目标数量相关，$k=m-1$。另外，根据 Deb 提出的参数设置，在 InDTLZ1 中设置 $l=5$，在 InDTLZ2～InDTLZ6 中设置 $l=10$。对于 InWFG 基准测试问题，使用 WFG1～WFG9 进行模拟实验，其中 k 必须被 $m-1$ 整除，因此使用 $k=m-1$。在 InWFG2 和 InWFG3 中，l 必须设置为 2 的倍数，以便在 InWFG2 和 InWFG3 中使用 $l=6$，在 InWFG1 和 InWFG4～InWFG9 中设置 $l=5$。

测试算法：为验证本章提出的 IMaOEA-FPD 的性能，将三个常见的区间多目标进化算法作为对比算法进行仿真实验，如 IPMOEA[67]通过基于区间序关系的 Pareto 支配关系来进行最优解选择。LLPDIMOGA[69]通过定义区间可信度，以基于区间可信度下界的 Pareto 支配关系和区间拥挤距离进行最优解选择。而 SPGA 算法[68]则通过设置区间置信水平，以随机 Pareto 支配方式增强算法收敛性。

实验算法参数设置：本章仿真实验在 MATLABR2016a 中进行，计算机配置如下，CPU 2.40 GHz，RAM 8.0 GB。在这些算法中，不同目标数量的测试问题，对应的种群规模不同。目标数量与种群规模的映射关系如表 3-2 所示。算法最大迭代次数 $T_{\max}=100$，每种算法独立运行 30 次，然后记录其结果并计算其评价指标的平均值（方差）。这些算法的相关参数如表 3-3 所示。

表 3-2　目标数量与种群规模的映射关系

种群规模	目标数量	决策变量维度
120	4	8
132	6	10
156	8	12
274	10	14
135	15	19

表 3-3　算法的相关参数

参数	值
锦标赛选择规模	2
交叉概率 p_c 和交叉分布指标 η_c	$p_c=0.9$，$\eta_c=20$

（续表）

参　　数	值
变异概率 p_m 和变异分布指标 η_m	$p_m = 0.1$，$\eta_m = 20$
LLPDIMOGA 的区间可信度下界 θ	$\theta = 0.5$
迭代次数	10000

3.6.2 柔性因子取值对算法性能的影响分析

在 3.5.1 节提出的柔性区间 Pareto 支配关系中，分别设置了参数 γ_1 和 γ_2 表示可能最优值柔性因子和不确定度柔性因子。图 3-12 展示了本章提出的 IMaOEA-FPD 在 γ_1、γ_2 分别取 0.2、0.4、0.6 和 0.8 时，在 InDTLZ1、InDTLZ3、InDTLZ5、InDTLZ6 测试函数上的 IIGD 结果。从图中可以看出，对于 InDTLZ1、InDTLZ3 和 InDTLZ6 测试函数，当 γ_1 和 γ_2 为 0.2 时，IMaOEA-FPD 在 4、6、8、10、15 个目标上的 IIGD 指标均表现最优，当 γ_1 和 γ_2 为 0.4 时次之。而当 γ_1 和 γ_2 为 0.6 和 0.8 时，IMaOEA-FPD 的性能相差不大。这表明柔性扩张程度越小，IMaOEA-FPD 获得的 $\gamma_1\gamma_2$-Pareto 最优解集越接近真实的 Pareto 最优前沿，且 $\gamma_1\gamma_2$-Pareto 最优解具有较好的分布性。而在 InDTLZ5 测试函数上，IMaOEA-FPD 在 4、8 个目标情况下，γ_1 和 γ_2 设置为 0.4 时比 γ_1 和 γ_2 设置为 0.8 时的 IIGD 指标要优。可能的原因是 IMaOEA-FPD 的 Pareto 最优前沿具有退化性，导致其在问题求解时性能不稳定。整体上，IIGD 值随着 γ_1、γ_2 的增大而减小。这是由于随着 γ_1、γ_2 的增大，$\gamma_1\gamma_2$-Pareto 最优解集包含的个体数增加。

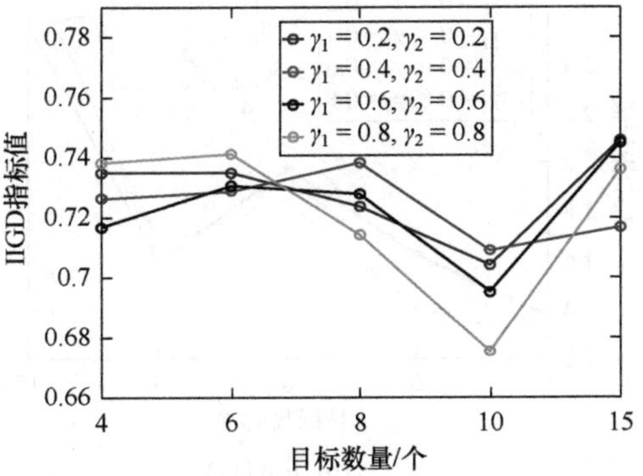

(a) InDTLZ1

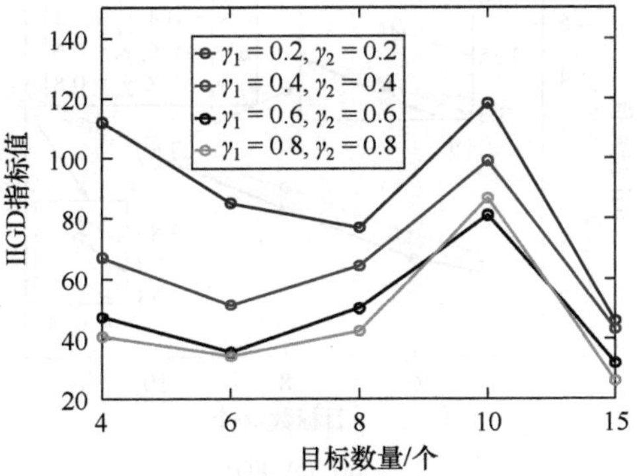

(b) InDTLZ3

图 3-12　IMaOEA-FPD 在 InDTLZ1、InDTLZ3、InDTLZ5、InDTLZ6 测试函数上不同柔性因子下的 IIGD 结果（本图彩色版见本书彩插）

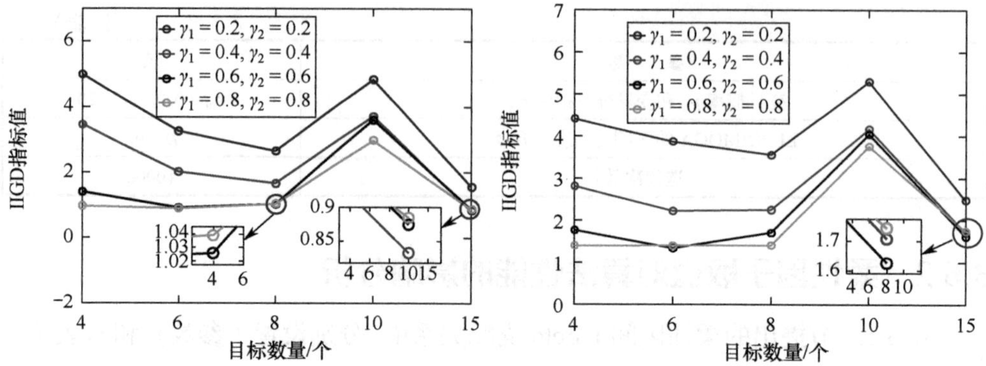

(c) InDTLZ5 (d) InDTLZ6

图 3-12 IMaOEA-FPD 在 InDTLZ1、InDTLZ3、InDTLZ5、InDTLZ6 测试函数上不同柔性因子下的 IIGD 结果（本图彩色版见本书彩插）（续）

图 3-13 显示了 IMaOEA-FPD 在 InWFG1、InWFG2、InWFG6 和 InWFG9 测试函数上的 IIGD 结果。明显地，整体上 4 种参数设置下算法性能的偏差不是很大。对于 4 个目标而言，除了 InWFG1，在其他三个测试函数上，γ_1 和 γ_2 对算法性能的影响基本一致。对于相同的参数设置，IIGD 值随着目标数量的增加而增加，这可能是由于 Pareto 支配方式在较大目标维度时，个体呈现互不支配的现象增加。后期，多样性维护机制导致算法的收敛性能有所下降。综合来看，对于 InWFG 测试问题而言，γ_1 和 γ_2 的取值对算法性能的影响不一致，这可能是由于 InWFG 测试问题经常呈现多种问题特性互相作用。

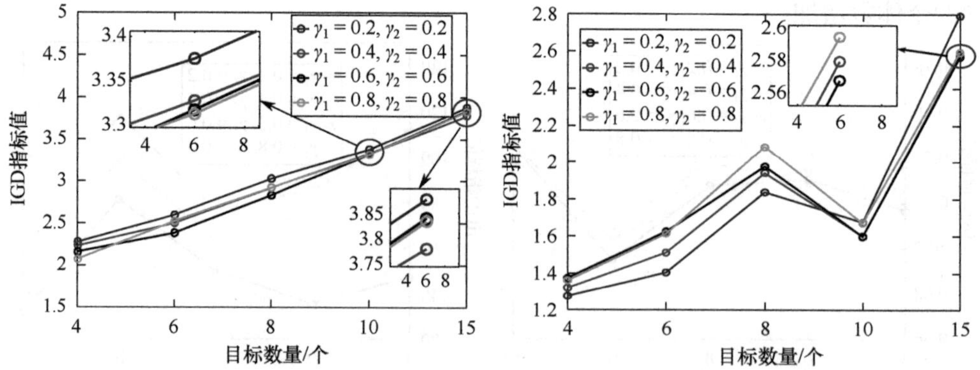

(a) InWFG1 (b) InWFG2

图 3-13 IMaOEA-FPD 在 InWFG1、InWFG2、InWFG6、InWFG9 测试函数上不同柔性因子下的 IIGD 结果（本图彩色版见本书彩插）

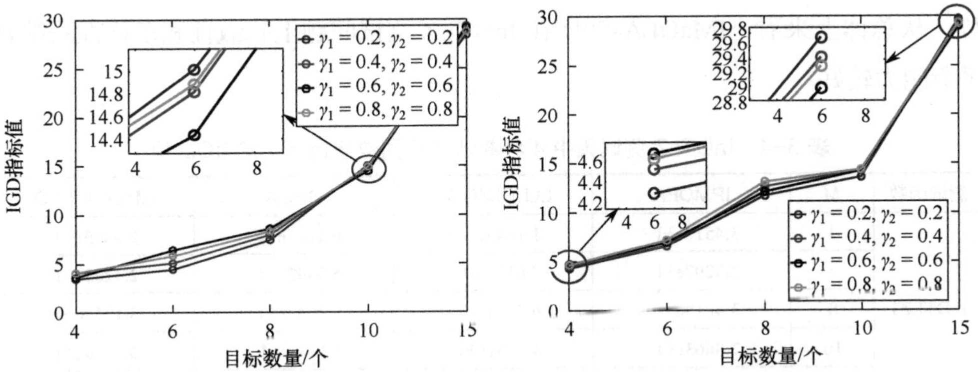

(c) InWFG9　　(d) InWFG6

图 3-13 IMaOEA-FPD 在 InWFG1、InWFG2、InWFG6、InWFG9 测试函数上不同柔性因子下的 IIGD 结果（本图彩色版见本书彩插）（续）

3.6.3 算法在 InDTLZ 测试问题上的性能比较

本节将 IMaOEA-FPD 与 IPMOEA、LLPDIMOGA 和 SPGA 在 InDTLZ 测试问题上进行了比较，并利用 IIGD 指标和 IX 指标对算法性能进行了衡量，加粗字体显示的值表示算法求得的最优解，“+”、“−”和“=”表示其他算法性能优于、劣于或者等于 IMaOEA-FPD。

表 3-4 展示了 4 种算法在 4、6、8、10、15 个目标的 InDTLZ1～InDTLZ6 测试函数上获得的 IIGD 值。总体来看，IMaOEA-FPD 在 30 个测试函数中有 21 个获得了最佳性能，IPMOEA 在 6 个测试函数上的性能优于其他算法，SPGA 在 3 个测试函数上获得最好的 IIGD 值，而 LLPDIMOGA 在 30 个测试函数上宣告失败。结果表明，IMaOEA-FPD 从不同目标数量来看，对于 4 个目标的测试函数，IMaOEA-FPD 在 6 个测试函数中有 4 个在所有算法中表现最佳（InDTLZ1～InDTLZ4），且 IMaOEA-IH 的类似优势也可以在 6 个目标的测试函数中观察到。IPMOEA 在 10 个目标的 InDTLZ1 和 InDTLZ5 上的 IIGD 值在 4 种算法中是最优的，具体地，在 InDTLZ1 上的排名为 IPMOEA>SPGA> IMaOEA-FPD> LLPDIMOGA，而在 InDTLZ5 上的排名为 IPMOEA> IMaOEA-FPD= SPGA = LLPDIMOGA。主要原因是，InDTLZ1 具有线性和多模态等特征，InDTLZ5 的 Pareto 最优前沿是一条退化曲线，而获得较好结果的算法均采用基于目标值对比的 Pareto 支配关系，这可能在求解 InDTLZ1 和 InDTLZ5 测试函数上具有优

势。从总体上来看，IMaOEA-FPD 在 InDTLZ 测试问题上收敛性和多样性的综合平衡能力较好。

表 3-4 InDTLZ 测试集中 4 种算法在不同数量目标下的 IIGD 值

测试函数	*M*	IPMOEA	LLPDIMOGA	SPGA	IMaOEA-FPD
InDTLZ1	4	3.4510e+1−	1.1643e+2−	6.1167e+1−	**2.9895e+1**
	6	2.9297e+1−	7.6376e+1−	5.9992e+1−	**2.4203e+1**
	8	3.4815e+1−	6.3114e+1−	6.2949e+1−	**3.1731e+1**
	10	**2.8663e+1**−	4.4431e+1−	3.3305e+1 +	5.6739e+1
	15	**3.8001e+1**−	5.6768e+1−	4.9366e+1 =	7.0781e+1
InDTLZ2	4	2.6849e−1−	1.1743e+0−	2.6613e−1−	**2.0046e−1**
	6	5.4250e−1−	1.6077e+0−	5.5679e−1−	**4.1778e−1**
	8	8.0676e−1−	2.0871e+0−	8.2803e−1−	**4.9896e−1**
	10	9.3966e−1−	1.2670e+0−	9.4209e−1−	**6.5830e−1**
	15	1.2465e+0−	3.2824e+0−	1.2361e+0−	**8.8624e−1**
InDTLZ3	4	5.5545e+2−	8.5067e+2−	3.7690e+2 =	**3.5829e+2**
	6	5.4951e+2−	8.4533e+2−	3.5825e+2−	**3.4056e+2**
	8	5.3451e+2−	8.3942e+2−	3.9927e+2−	**3.8059e+2**
	10	4.3726e+2 =	5.9365e+2 =	**3.6209e+2 =**	4.9443e+2
	15	**5.1120e+2 =**	7.0465e+2 =	5.2000e+2 =	5.7726e+2
InDTLZ4	4	8.7103e−1 =	9.5664e−1−	9.8302e−1−	**7.9002e−1**
	6	1.1129e+0−	1.1624e+0−	1.1067e+0−	**9.6770e−1**
	8	1.2173e+0−	1.2199e+0−	1.2322e+0−	**1.0726e+0**
	10	1.2250e+0−	1.2069e+0−	1.2146e+0−	**1.0730e+0**
	15	1.5315e+0−	1.5285e+0−	1.5573e+0−	**1.4199e+0**
InDTLZ5	4	**2.1003e−1 +**	4.9393e−1−	2.1871e−1 +	5.8153e−1
	6	2.3459e−1 +	4.6337e−1−	**2.2335e−1 +**	4.5021e−1
	8	3.0020e−1 +	4.3836e−1 =	**2.9054e−1 +**	3.9109e−1
	10	**3.0058e−1 +**	3.7434e−1 =	3.3235e−1 =	3.6227e−1
	15	5.4313e−1 =	5.6646e−1 =	5.3529e−1 =	**5.1612e−1**
InDTLZ6	4	**7.9138e+0 =**	8.1204e+0 =	7.9185e+0 =	8.0304e+0
	6	7.9007e+0 =	8.7608e+0−	7.8330e+0 =	**7.8715e+0**
	8	8.1232e+0 =	9.7509e+0−	7.9830e+0 =	**8.0045e+0**
	10	8.0586e+0−	7.7821e+0−	8.0093e+0−	**7.4992e+0**
	15	9.6718e+0−	9.6206e+0−	8.8945e+0−	7.9539e+0
Best/All		6/30	0/30	3/30	21/30
+/−/=		0/17/13	6/14/7	0/23/6	4/17/9

从表 3-5 可以看出，IMaOEA-FPD 在 InDTLZ 测试集上取得了较好的不确定性。具体地，对于测试函数 InDTLZ1、InDTLZ3 和 InDTLZ4，IMaOEA-FPD 在 4、6、8、10 和 15 个目标上全部优于其他三种算法，且仅有 IPMOEA 在 15 个目标的 InDTLZ4 的 IX 值与 IMaOEA-FPD 相似，而其他算法均不存在与其 IX 值相似的情形。对于 InDTLZ5 和 InDTLZ6 测试函数，IMaOEA-FPD 在 6、8 和 10 个目标上取得了优势。在 4 个目标的 InDTLZ5 上，IMaOEA-FPD 表现不佳，4 种算法的 IX 值的优劣排序是：SPGA > LLPDIMOGA > IPMOEA> IMaOEA-FPD，这可能是由于 DTLZ5 的 Pareto 最优前沿是一个退化超曲面，以目标超体的体积衡量其不确定性的偏差较大，但大于 4 个目标的情况下，除了 15 个目标，IPMOEA 与 IMaOEA-FPD 的不确定性相近，IMaOEA-FPD 的 IX 值均是最优的。IPMOEA 在 10、15 个目标的 InDTLZ6 上与 IMaOEA-FPD 性能接近。在 InDTLZ2 中，IMaOEA-FPD、LLPDIMOGA、SPGA 分别在 4、6、8 个目标上取得了胜利。对于 10、15 个目标的表现，其他三种算法均优于 IMaOEA-FPD，这可能是由于 InDTLZ2 具有凹面特性，而这三种算法在选择最优解时，均采用目标函数值进行评估，而 IMaOEA-FPD 在 InDTLZ2 测试函数的求解上表现不佳。综合而言，在上述 30 个测试函数中，IMaOEA-FPD、IPMOEA、LLPDIMOGA、SPGA 的 IX 最优数量分别是：20、7、1、2。而 IPMOEA、LLPDIMOGA、SPGA 的 IX 值劣于 IMaOEA-FPD 的测试函数数量分别为 17、13 和 14。因此，综合而言，IMaOEA-FPD 在求解 InDTLZ 测试问题的不确定性方面具有较大的优势。

表 3-5 InDTLZ 测试集中 4 种算法在不同数量目标下的 IX 值

测试函数	*M*	IPMOEA	LLPDIMOGA	SPGA	IMaOEA-FPD
InDTLZ1	4	8.3959e+1−	8.9190e+1−	8.8235e+1−	**3.7854e+1**
	5	2.5353e+2−	2.4686e+2−	2.5163e+2−	**1.0509e+2**
	8	4.0656e+2−	4.0420e+2−	3.9609e+2−	**2.1878e+2**
	10	8.1531e+2−	8.0393e+2−	8.1338e+2−	**5.5127e+2**
	15	4.5942e+2−	4.5272e+2 =	4.5368e+2 =	**4.3559e+2**
InDTLZ2	4	2.2264e+2−	2.2541e+2−	2.2304e+2−	**1.8320e+2**
	6	3.4719e+2 =	**3.4473e+2 =**	3.5212e+2 =	3.4824e+2
	8	4.6304e+2 +	4.6004e+2 +	**4.5757e+2 +**	5.1566e+2
	10	**9.0108e+2 +**	9.0784e+2 +	9.0550e+2 +	1.0553e+3
	15	**5.7938e+2 +**	6.1053e+2 +	5.8728e+2 +	7.9560e+2

（续表）

测试函数	*M*	IPMOEA	LLPDIMOGA	SPGA	IMaOEA-FPD
InDTLZ3	4	8.1869e+1−	8.3978e+1−	8.0258e+1−	**5.7658e+1**
	6	3.0466e+2−	2.8091e+2−	2.8271e+2−	**1.6039e+2**
	8	4.8888e+2−	4.8403e+2−	4.8722e+2−	**3.3054e+2**
	10	1.0407e+3−	1.0273e+3−	1.0388e+3−	**6.7439e+2**
	15	7.5984e+2−	7.5602e+2−	7.5205e+2−	**7.1074e+2**
InDTLZ4	4	2.7370e+2−	2.6287e+2−	2.8375e+2−	**2.5053e+2**
	6	3.8054e+2−	3.7805e+2−	3.9573e+2−	**3.6326e+2**
	8	5.5666e+2−	5.4854e+2−	5.7350e+2−	**5.3481e+2**
	10	1.1563e+3−	1.1457e+3 =	1.1978e+3−	**1.1349e+3**
	15	7.8053e+2 =	8.1318e+2−	8.0863e+2−	**7.7126e+2**
InDTLZ5	4	1.4997e+2 =	1.3977e+2 +	**1.0305e+2 +**	1.7616e+2
	6	2.8213e+2−	3.5404e+2−	2.7291e+2 =	**2.4528e+2**
	8	4.7636e+2−	5.2190e+2−	4.8633e+2−	**4.1071e+2**
	10	1.0518e+3−	1.1031e+3−	1.0303e+3 =	**9.7131e+2**
	15	**7.8057e+2 =**	8.2427e+2−	7.9860e+2−	7.8235e+2
InDTLZ6	4	2.2182e+2−	2.5204e+2−	2.2496e+2−	**1.6435e+2**
	6	3.5280e+2−	3.7542e+2−	3.7767e+2−	**3.0099e+2**
	8	5.3121e+2−	5.4540e+2−	5.5622e+2−	**5.0008e+2**
	10	1.1288e+3 =	1.1374e+3 =	1.1612e+3−	**1.1246e+3**
	15	**7.8183e+2 =**	7.9028e+2 =	7.8951e+2 =	7.8720e+2
Best/All		7/30	1/30	2/30	20/30
+/−/=		7/17/6	5/13/12	6/14/10	—

当算法终止时，会得到一个 Pareto 解集。该解集的分布情况可以用来直观地描述算法的收敛性和多样性。为了进一步分析上述 4 种算法在求解 InDTLZ 测试问题上获得解集在目标空间中的表现，图 3-14 展示了 4 种算法分别在 6、8、10 和 15 个目标的 InDTLZ 测试集上的 Pareto 最优前沿，其中每个目标值以其区间目标函数值的中点表示，横轴表示目标数量，纵轴表示目标函数值。在解集的多样性方面，6、8、10 个目标中，4 种算法获得的解集分布较广泛，其多样性相差不多，而在 15 个目标中，由于目标数量的增加，其 Pareto 支配方法在算法后期可能失效，因此解集的多样性会降低。相对而言，IPMOEA、LLPDIMOGA、SPGA 要比 IMaOEA-FPD 差。在图 3-14 中，IMaOEA-FPD 在 6、8、10、15 个目标的目标函数值均收敛至 10 以下，与其他三种算法相比，收敛值要小得多，表明该算法具有最优的收敛性。

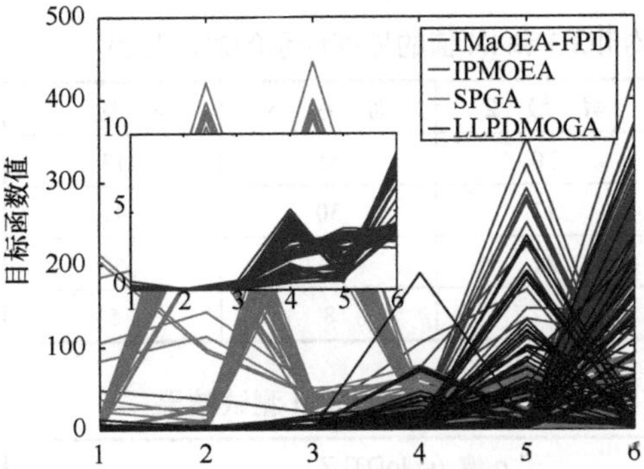

(a) 6个目标

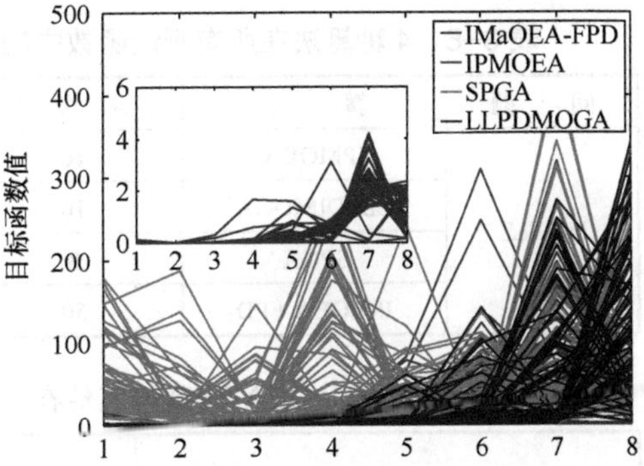

(b) 8个目标

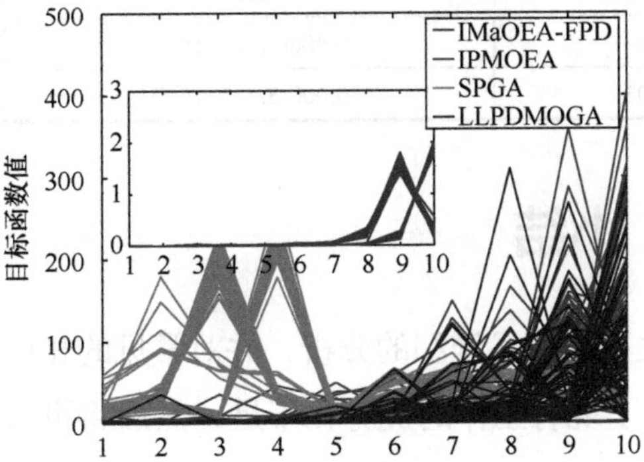

(c) 10个目标

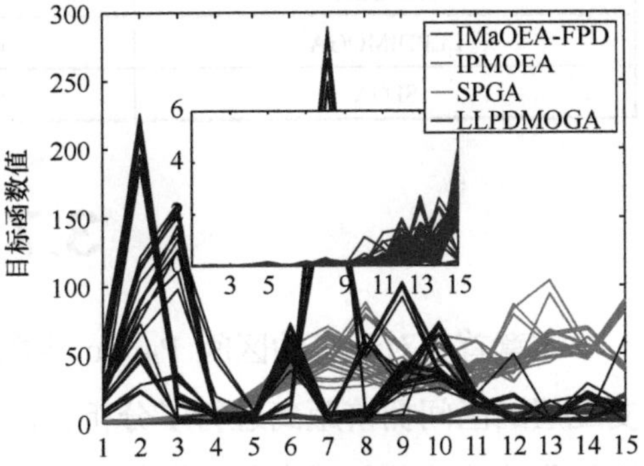

(d) 15个目标

图 3-14 在 InDTLZ 测试集上 4 种算法的 Pareto 最优前沿（本图彩色版见本书彩插）

基于以上分析，整体而言，IMaOEA-FPD 在收敛性和多样性的平衡能力及不确定性上，优于 IPMOEA、LLPDIMOGA 和 SPGA。

为了进一步分析表 3-4、表 3-5 中的结果，我们在表 3-6 中总结了 4 种算法在所有测试函数中平均 IIGD 值和 IX 值的排序级别的对应数目，数目越大，表明算法的性能越好。如表 3-6 所示，对于 InDTLZ 测试问题而言，SPGA 在等级 1 上的数目是最小的，在等级 4 上的数目是最大的，表明 SPGA 求解 InDTLZ 测试问题的性能在 4 种算法中是最差的。IMaOEA-FPD 在等级 1 上的数目远远大于其他算法，表明 IMaOEA-FPD 更适合求解 InDTLZ 测试问题。表 3-7 给出了 IMaOEA-FPD 与其他算法在 InDTLZ 测试集上的 Wilcoxon 测试结果。可以发现，LLPDIMOGA 在 InDTLZ 测试集上的 IIGD 结果与 IMaOEA-FPD 没有显著差异。

表 3-6　4 种算法在所有测试函数中的平均 IIGD 和 IX 值的排序级别的对应数目

问　　题	算　　法	等　级　1	等　级　2	等　级　3	等　级　4
InDTLZ	IPMOEA	16	30	31	13
	LLPDIMOGA	16	12	30	41
	SPGA	8	21	21	50
	IMaOEA-FPD	50	27	8	5

表 3-7　IMaOEA-FPD 与其他在 InDTLZ 测试集上的 Wilcoxon 测试结果

IMaOEA-FPD vs.	p-值 on InDTLZ	
	IIGD 指标	IX 指标
IPMOEA	0.001	0.009
LLPDIMOGA	0.234	0.000(4.828×10^{-8})
SPGA	0.003	0.000(3.725×10^{-8})

3.7　小结

本章首先对现有的区间 Pareto 支配关系进行了详细的分析，并对常见的相同支配层的区间拥挤距离进行了分析，总结了现有工作的优势和不足；然后将可行解的收敛性信息和不确定性信息引入 Pareto 支配方法中，定义了个体的可能最优值和不确定度，通过引入系数γ_1和γ_2，提出柔性区间 Pareto 支配关系，扩大了候选解的支配区域。为了进一步区分相同 Pareto 非支配层中互不支配的解，本章提出了基于区域划分的多样性维护机制。该机制通过个体所在区域的松弛度衡量个体拥挤度，维护了种群多样性。基于上述两个策略，本章提出了 IMaOEA-FPD。在仿真实验中，通过分析不同柔性因子取值对本章算法性能的影响，比较了γ_1、γ_2分别取 0.2、0.4、0.6 和 0.8 时算法的 IIGD 值，结果表明，对不同的测试问题需要设置相应的参数。此外，在 InDTLZ 测试问题上，实验结果进一步表明，与其他三种代表性算法相比，本章提出的 IMaOEA-FPD 具有较大的优势。

第 4 章

理想超平面引导的区间高维多目标进化算法

本章对非支配解占候选解的比例呈指数形式扩展引起的 Pareto 支配失效，过分依靠多样性维护机制容易造成 Pareto 最优前沿收敛困难等问题进行研究，提出了理想超平面引导的区间高维多目标进化算法。

4.1 引言

在第 3 章提出的 IMaOEA-FPD 中，选择最优解时主要通过比较个体间的区间 Pareto 支配关系对进化种群划分若干非支配层，然后通过基于区域划分的多样性维护机制来评估同一非支配层进化个体的优劣。这类基于非支配排序的 MaOEA 一直是进化计算领域的主流算法之一。但是，随着工程问题越来越复杂，待优化目标数量越来越多，非支配解在种群中的比例急剧增加，在最坏情况下，可能所有解均互不支配。因而，基于区间 Pareto 支配的高维多目标进化算法面临着最优解选择压力不足、Pareto 最优前沿多样性薄弱的问题，其主要原因如下。

1．支配抵抗

随着目标维数的增大，非支配解占候选解的比例呈指数形式扩展，个体优劣难以区分，算法的搜索能力随着优化问题的目标数量增加而下降，导致算法的收敛压力大幅度降低，难以高效求解 MaOP，即出现了支配抵抗现象[96,97]。如图 4-1 所示，目标数量由 2 个增加到 14 个，非支配个体占种群的比例从 4%增长到 95%。上述现象直接影响了基于 Pareto 支配的区间高维多目标进化算法。针对上述问题，研究者提出了许多改进的精确型 MaOEA，基于距离的 MaOEA 得到了发展。这类算法旨在采用各种距离测度评估 Pareto 解集的收敛性，从而进行最优解选择，并进一步为种群进化提供收敛压力。

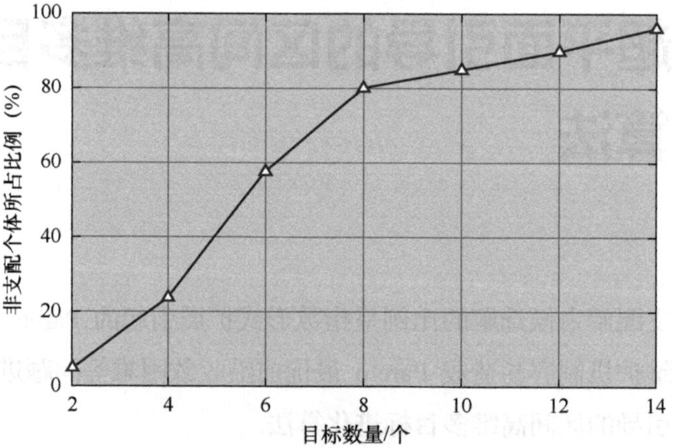

图 4-1　高维多目标进化算法随目标数量增加的非支配个体占比

2．解集收敛到 Pareto 最优前沿困难

Pareto 支配关系的失效，使后续多样性维护操作占主导地位，过分依靠多样性导致最终解集无法收敛到 Pareto 最优前沿。在确定性高维多目标进化算法中，针对该问题，研究者提出基于多样性维护机制的 MaOEA，当 Pareto 支配在高维空间

失去效用时，仍能获得收敛性和多样性俱佳的解。多样性维护机制对稀疏区域个体具有偏好，导致最终解在目标空间中广泛分布，进而远离了期望的 Pareto 最优前沿。对于确定性高维多目标进化算法，基于移位的密度估计策略[98]、基于向量角度的策略[99]、基于偏好的收敛性函数[100]等方法陆续被提出，在多样性和趋同之间达到了很好的平衡。

基于上述考虑，本章提出一种理想超平面引导的区间高维多目标进化算法（Interval Many-Objective Evolutionary Algorithm guided by Ideal Hyperplane，IMaOEA-IH），该算法主要通过在目标空间进行区域划分，利用收敛最优区域在目标空间中建立理想超平面，并利用该理想超平面引导算法向收敛性较强的区域搜索。首先，定义目标空间的理想最优解，并建立理想超平面；其次，基于理想超平面，对进化个体的区间目标函数进行拉丁超立方采样，以靠近理想超平面的远近程度来衡量进化个体的优劣；再次，按随机概率选择（Random Probability Selection，RPS）策略、整体选择（Global Selection，GS）策略及平均选择（Average Selection，AS）策略等设计三种最优解选择机制；最后，将本章所提方法应用于 InDTLZ 和 InMaOP 基准测试问题，并与 3 种典型的优化方法做比较。实验结果表明，本书所提方法具有优越性。

4.2 问题分析

1．目标空间的个体位置分析

如 4.1 节所述，大多数基于距离的改善 Pareto 非支配排序的算法，通常找到目标空间的超平面，以个体到超平面的距离来衡量个体的收敛程度，若个体 A 与超平面的距离大于个体 B，则认为个体 A 优于个体 B。上述选择机制建立在高维多目标优化问题的 Pareto 最优前沿是一个超平面的基础上，但事实上，基准测试问题的 Pareto 最优前沿经常呈现出凹面性、凸面性、曲面等多种特征。如图 4-2（a）所示，在目标空间中，Pareto 最优前沿是一条凸曲线。根据距离超平面远近程度衡量个体收敛性，个体 A 到超平面的垂直距离大于个体 B，则个体 A 的收敛性优于个体 B。但是，个体 B 直接位于 Pareto 最优前沿上，表明其已经完全收敛，而个体 A 却在 Pareto 最优前沿之外。因此，个体 B 的收敛性是优于个体 A 的。

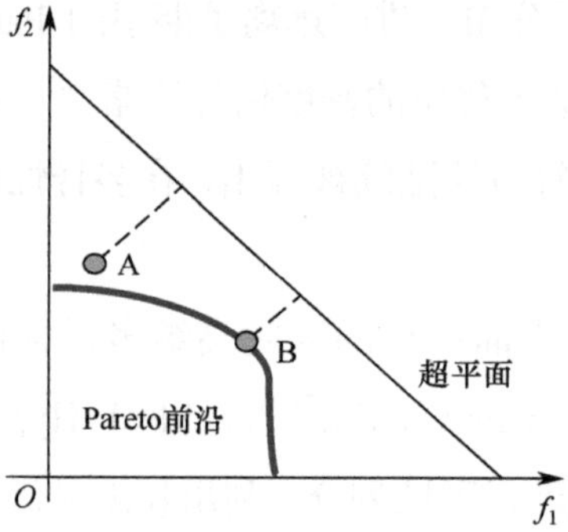

(a) 确定性 2目标优化问题

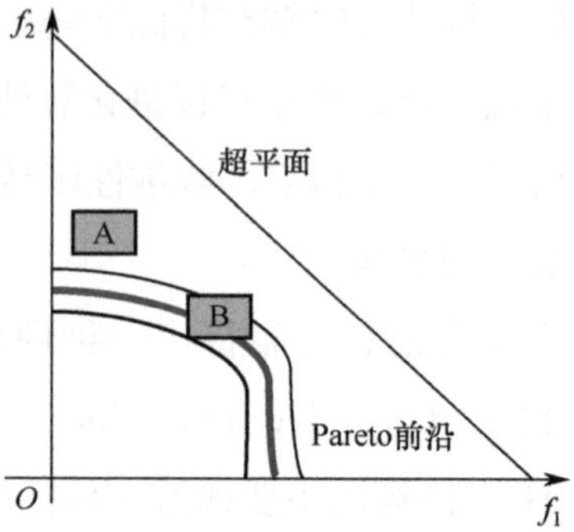

(b) 区间型 2目标优化问题

图 4-2 确定性和区间型优化问题中不同位置个体的收敛性比较

在区间型优化问题中，上述方法不能直接应用。此时，需要考虑两个问题。

（1）对于目标函数为区间数的优化问题，目标空间的个体由一个个点转换成一个个超体，如图 4-2（b）所示，如何定义个体到超平面的距离成为值得关注的问题之一。

（2）对于一些不规则的 Pareto 最优前沿，如何制定合理的收敛性评估准则，从而降低与实际收敛性之间的偏差。

2. 非支配解间的比较分析

基于区间 Pareto 支配关系的 MaOEA 对同层的非支配解之间的优劣比较是相对困难的。实际上，在进化过程中，一些非支配解在靠近 Pareto 最优前沿方面表现出比其他非支配解更大的优势。以双目标确定性优化问题为例，图 4-3 中的两个可视实例直观地说明了这种现象。如图 4-3（a）所示，某一次迭代后，算法获得的解集以圆圈表示，紫色圆圈形成与 Pareto 最优前沿最接近的非支配层。明显地，非支配解 C 比其他解 A、B、D、E 更接近 Pareto 最优前沿。这可以由 A、E 两个解分别在 f_1、f_2 目标维度的投影点形成的区域决定（二维目标空间为线，三维目标空间为平面，四维以上目标空间为超平面）。具体地，在图 4-3（b）中，以非支配解到理想最优区域的距离为衡量标准，非支配层解决方案的性能由高到低依次为 C、B、A、D 和 E。

基于上述思想，我们考虑在区间高维多目标优化问题中，首先定义理想最优解，在目标空间构造理想最优区域，并构建理想超平面，以更好地引导进化个体向其所在的方向搜索。然后，为了定义个体到理想超平面的距离，对个体目标函数区间进行采样，并求均值距离。具体的内容将在以下章节详细描述。

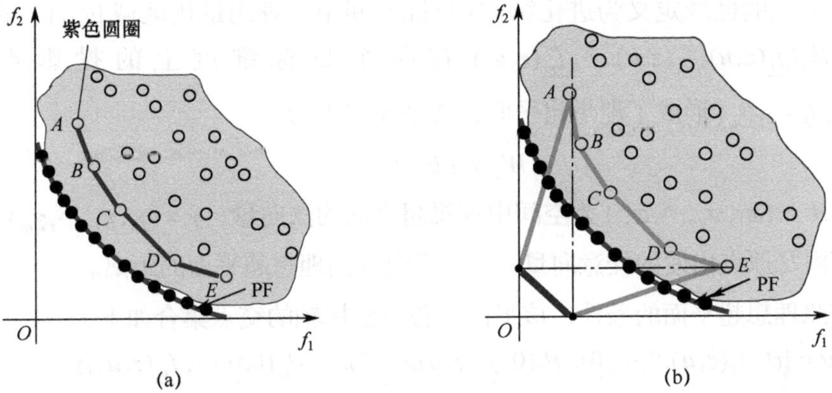

图 4-3　双目标确定性优化问题中的理想最优区域（Pareto 最优前沿）

4.3　IMaOEA-IH 描述

4.3.1　理想超平面构建

对于问题（2.1），区间高维多目标进化算法在第 t 代的种群为 $X=\{x_1,x_2,\cdots,x_N\}$，该种群 X 的目标函数矩阵为

$$
\begin{aligned}
\boldsymbol{F}(X,\boldsymbol{u})&=\left(f_1(X,\boldsymbol{u}),f_2(X,\boldsymbol{u}),\cdots,f_m(X,\boldsymbol{u})\right)\\
&=\begin{pmatrix}
[\underline{f_1}(x_1),\overline{f}_1(x_1)] & [\underline{f_2}(x_1),\overline{f_2}(x_1)] & \cdots & [\underline{f_m}(x_1),\overline{f_m}(x_1)]\\
[\underline{f_1}(x_2),\overline{f}_1(x_2)] & [\underline{f_2}(x_2),\overline{f_2}(x_2)] & \cdots & [\underline{f_m}(x_2),\overline{f_m}(x_2)]\\
\vdots & \vdots & & \vdots\\
[\underline{f_1}(x_N),\overline{f}_1(x_N)] & [\underline{f_2}(x_N),\overline{f}_2(x_N)] & \cdots & [\underline{f_m}(x_N),\overline{f_m}(x_N)]
\end{pmatrix}
\end{aligned}
\tag{4.1}
$$

在 EA 的每一代中，在整个目标空间中，令 $\boldsymbol{z}$ 为理想最优解，则理想最优解 $\boldsymbol{z}$ 的第 p 维目标函数为 $f_p(\boldsymbol{z},\boldsymbol{u})=[\underline{f_p}(\boldsymbol{z},\boldsymbol{u}),\overline{f}_p(\boldsymbol{z},\boldsymbol{u})]$，$\underline{f_p}(\boldsymbol{z},\boldsymbol{u})=\min\{\underline{f_p}(x_1,\boldsymbol{u}),\underline{f_p}(x_2,\boldsymbol{u}),\cdots,\underline{f_p}(x_N,\boldsymbol{u})\}$，$\overline{f}_p(\boldsymbol{z},\boldsymbol{u})=\max\{\overline{f_p}(x_1,\boldsymbol{u}),\overline{f}_p(x_2,\boldsymbol{u}),\cdots,\overline{f}_p(x_N,\boldsymbol{u})\}$。值得说明的是，理想最优解不是真实存在于种群 X 中的，而是虚拟设置的。对于理想最优解 $\boldsymbol{z}$ 的区间目标向量 $\boldsymbol{f}_p(\boldsymbol{z},\boldsymbol{u})(p=1,2,\cdots,m)$，其在目标空间中超体的边界点集合为

$\boldsymbol{Z}=\{\boldsymbol{Z}_1,\boldsymbol{Z}_2,\cdots,\boldsymbol{Z}_m\}$，其中最小边界点和最大边界点分别为$\boldsymbol{Z}_1(\underline{f_1}(z,\boldsymbol{u}),\underline{f_2}(z,\boldsymbol{u}),\cdots,\underline{f_m}(z,\boldsymbol{u}))$和$\boldsymbol{Z}_m(\overline{f_1}(z,\boldsymbol{u}),\overline{f_2}(z,\boldsymbol{u}),\cdots,\overline{f_m}(z,\boldsymbol{u}))$。将理想最优解$z$的最大边界点$\boldsymbol{Z}_m$在每一维目标轴上投影，获得$m$个投影点的集合$I=\{I_1,I_2,\cdots,I_m\}$，这$m$个投影点与坐标原点形成的区域定义为进化第$t$代目标空间中的理想最优区域$\mathrm{IR}(t)$。在$\mathrm{IR}(t)$中，$\boldsymbol{Z}_1(\underline{f_1}(z,\boldsymbol{u}),\underline{f_2}(z,\boldsymbol{u}),\cdots,\underline{f_m}(z,\boldsymbol{u}))$在每个目标维度上的投影点集合$\theta=\{\theta_1,\theta_2,\cdots,\theta_m\}$形成了理想超平面，其平面方程为

$$\boldsymbol{W}\cdot\boldsymbol{\gamma}+b=0 \tag{4.2}$$

其中，$\boldsymbol{W}=(\varpi_1,\varpi_2,\cdots,\varpi_m)$为空间中理想超平面的法向量；$\boldsymbol{\gamma}=(\gamma_1,\gamma_2,\cdots,\gamma_m)$为理想超平面内从原点出发的任意向量；$b$为零向量到理想超平面的距离。

按照理想超平面的条件，该平面与各个坐标轴的交点集合如下：

$$\theta=\{\theta_1(\underline{f_1}(z,\boldsymbol{u}),0,\cdots,0),\ \theta_2(0,\underline{f_2}(z,\boldsymbol{u}),\cdots,0),\cdots,\theta_m(0,0,\cdots,\underline{f_m}(z,\boldsymbol{u}))\}$$

在进化搜索的每一代中，将获得的集合θ中的点代入理想超平面的方程，可以获得理想超平面的确定方程。图 4−4 所示为 2 目标优化问题中理想最优解、理想最优区域及理想超平面的示意图。

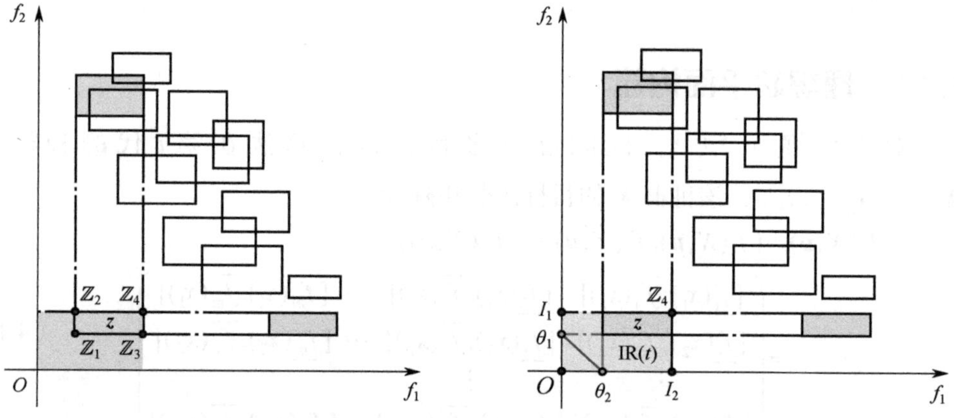

图 4−4　2 目标优化问题中理想最优解、理想最优区域及理想超平面的示意图

如图 4−4 所示，理想最优解z在目标空间中的边界点为$\boldsymbol{Z}_1(\underline{f_1}(z,\boldsymbol{u}),\underline{f_2}(z,\boldsymbol{u}))$、$\boldsymbol{Z}_2(\underline{f_1}(z,\boldsymbol{u}),\overline{f_2}(z,\boldsymbol{u}))$、$\boldsymbol{Z}_3(\overline{f_1}(z,\boldsymbol{u}),\underline{f_2}(z,\boldsymbol{u}))$、$\boldsymbol{Z}_4(\overline{f_1}(z,\boldsymbol{u}),\overline{f_2}(z,\boldsymbol{u}))$，则边界点$\boldsymbol{Z}_2$、$\boldsymbol{Z}_3$分别在$f_2$目标维度和$f_1$目标维度上的投影点$I_1(0,\overline{f_2}(z,\boldsymbol{u}))$、$I_2(\overline{f_1}(z,\boldsymbol{u}),0)$，以及边界点$\boldsymbol{Z}_4$及坐标原点所围成的区域称为理想最优区域。而$\boldsymbol{Z}_1$在$f_1$目标维度上的投影点$\theta_1(\underline{f_1}(z,\boldsymbol{u}),0)$、$\boldsymbol{Z}_1$在$f_2$目标维度的投影点$\theta_2(0,\underline{f_2}(z,\boldsymbol{u}))$与原点围成了理想超平面。

4.3.2 拉丁超立方抽样

在一个 m 维的区间高维多目标优化问题中，对于一个可行解 $\boldsymbol{x}=(x_1, x_2,\cdots,x_N)$，其第 $p(p=1,2,\cdots,m)$ 维目标函数值为区间数，$f_p(\boldsymbol{x},\boldsymbol{u})=[\underline{f_p}(\boldsymbol{x},\boldsymbol{u}), \overline{f_p}(\boldsymbol{x},\boldsymbol{u})]$ 表示可行解 $\boldsymbol{x}$ 的第 p 维真实目标函数值 $f_p^*(\boldsymbol{x},\boldsymbol{u})$ 落在 $\underline{f_p}(\boldsymbol{x},\boldsymbol{u})$ 与 $\overline{f_p}(\boldsymbol{x},\boldsymbol{u})$ 之间。在目标空间中，构建理想超平面后，进化个体到理想超平面的距离本质上是可行解 $\boldsymbol{x}$ 的真实目标函数值到理想超平面的距离，但真实目标函数值是无法获取的。在本书考虑的区间高维多目标优化问题中，每一维目标函数均为区间数，则进化个体在目标空间表现为超体，因此，本书在目标超体中选取具有代表性的样本点来估计该个体到理想超平面的距离。

对于样本点的选取方式，有的研究者选取目标超体的顶点作为样本点，对于 m 维的优化问题，其超体的顶点数量为 2^m。当 $m=15$ 时，超体的顶点个数达到 32768 个。因此，对于区间高维多目标优化问题，这种样本点的选取方式是不可取的。在众多的抽样方法中，选择适合问题模型的抽样方法能够让样本点分布更加合理，且能够尽可能多地考虑模型的各种情形。拉丁超立方抽样[101]作为一种分层随机抽样方法，具有均匀分层的特性，能够从变量的分布区间高效采样。自 1979 年 Mckay 等提出拉丁超立方抽样以来，其受到了广泛关注并应用于诸多领域。当抽样数量不多时，随机抽样[102]无法将样本分散在整个采样区间，而拉丁超立方抽样则可以在这种情况下获取到尾部的样本点。此外，相比于蒙特卡罗抽样[103]，拉丁超立方抽样减少了迭代次数。

由于进化个体靠近理想超平面的程度受到样本点的影响，即样本点的选取在一定程度上影响了最优解的选择。若采用随机抽样的方法在目标超体内进行采样，则无法保证样本点在目标空间内分布的合理性及样本点的多样性。拉丁超立方抽样具有均匀分层、等概率抽样等特性，可以保证样本点覆盖整个目标超体。因此，本章将拉丁超立方抽样应用于进化个体的目标超体，促使样本点尽可能覆盖整个目标超体，以提高样本点的多样性，从而较为精确地估计进化个体靠近理想超平面的程度，进而提升算法寻优能力。具体地，拉丁超立方抽样方法如下所述。

假设在 m 维单位立方体 $A^m=[0,1]^m$ 中选择 N 个样本点，则先将每一维的区间

[0,1] 等分成 N 份，第 $k(k=1,2,\cdots,N)$ 个小区间为 $\left((k-1)/N,k/N\right]$，并以 $(\pi_{1p},\pi_{2p},\cdots,\pi_{Np})'$ 标记第 p 维坐标的 N 个标号的随机排列。假设上述 m 个随机排列是相互独立的，则可得到一个 $N\times m$ 阶的随机矩阵 $\boldsymbol{\pi}=(\pi_{kp})(k=1,2,\cdots,N)$。令

$$x_{kp}=\frac{\pi_{kp}-0.5+s_{kp}}{N},\ k=1,2,\cdots,N;\ p=1,2,\cdots,m \tag{4.3}$$

其中，s_{kp} 是与 π 相互独立的，且在 $[-1/2,1/2]$ 上均匀分布的样本，则称选取的 N 个样本点 $x_k=(x_{k1},x_{k2},\cdots,x_{km})(k=1,2,\cdots,N)$ 是一个拉丁超立方样本。

令 $F(x)$ 为随机向量 $\boldsymbol{x}=(X_1,X_2,\cdots,X_m)$ 的多元分布函数，即 $F(x)=\prod_{p=1}^{m}F_p(x_p)$，其中 $F_p(x_p)(p=1,2,\cdots,m)$ 是连续的分布函数。令 $x_{kp}=F_p^{-1}(N^{-1}(\pi_{kp}-0.5+s_{kp}))$，则 $\left\{x_k=(x_{k1},x_{k2},\cdots,x_{km}),k=1,2,\cdots,N\right\}$ 是 $F(x)$ 的一个大小为 N 的拉丁超立方抽样。

拉丁超立方抽样是指对每一维坐标进行分层抽样，将抽到的每一分量进行随机组合，然后形成多维的分层抽样。给定一个区间高维多目标优化问题，对于可行解 $\boldsymbol{x}$，其对应的第 p 维目标函数为 $f_p(x_i,\boldsymbol{u})=[\underline{f_p}(x_i,\boldsymbol{u}),\overline{f_p}(x_i,\boldsymbol{u})](p=1,2,\cdots,m)$。可行解 $\boldsymbol{x}$ 在目标超体中进行拉丁超立方抽样的具体步骤如下。

Step 1：初始化样本数量 K，真实目标函数 $f_p^*(\boldsymbol{x},\boldsymbol{u})$ 为采样变量。

Step 2：设定变量 $f_p^*(\boldsymbol{x},\boldsymbol{u})$ 的区间为 $[\underline{f_p}(x_i,\boldsymbol{u}),\overline{f_p}(x_i,\boldsymbol{u})]$，其中，$\underline{f_p}(x_i,\boldsymbol{u})$ 和 $\overline{f_p}(x_i,\boldsymbol{u})$ 分别为变量 $f_p^*(\boldsymbol{x},\boldsymbol{u})$ 的下界和上界。

Step 3：将变量 $f_p^*(\boldsymbol{x},\boldsymbol{u})$ 的区间 $[\underline{f_p}(x_i,\boldsymbol{u}),\overline{f_p}(x_i,\boldsymbol{u})]$ 划分为 K 个互不重叠的子区间，使得每个子区间具有相同的概率（本章考虑均匀分布，则划分为 K 个相等长度的子区间）。

Step 4：在每一维的各个子区间中随机抽取一个点，即在第 p 维目标中获得 K 个点集合为 $\{f_{p,1}(\boldsymbol{x},\boldsymbol{u}),f_{p,2}(\boldsymbol{x},\boldsymbol{u}),\cdots,f_{p,K}(\boldsymbol{x},\boldsymbol{u})\}$。

Step 5：将从每一维的子区间随机抽出的点组成向量，构成拉丁超立方样本点，即第 $k(k=1,2,\cdots,K)$ 个样本点的坐标为 $(f_{1,k}(\boldsymbol{x},\boldsymbol{u}),f_{2,k}(\boldsymbol{x},\boldsymbol{u}),\cdots,f_{m,k}(\boldsymbol{x},\boldsymbol{u}))$。

综上所述，拉丁超立方抽样首先将抽样区间进行分层，然后在每一层中抽取样本，这样可以保证尾部层中的样本也会被抽取，而这些样本对于最终的结果是十分重要的。当前，抽取样本点数越多，分层就越多，极端的尾部值就更容易被抽取。

为了直观地展示拉丁超立方抽样的有效性，本节采用随机抽样方式和拉丁超立方抽样方式对可行解 $\boldsymbol{x}$ 的目标超体进行抽样。由于高维优化问题的可视化较为困难，本节以 2 目标为例进行抽样，在某一次迭代中，可行解 $\boldsymbol{x}$ 的两个目标函数值区间为 $f_1(\boldsymbol{x},\boldsymbol{u})=[813.57,815.69]$，$f_2(\boldsymbol{x},\boldsymbol{u})=[182.29,190.68]$，当 K 为 30 时，得到如图 4-5 所示的样本点分布图。

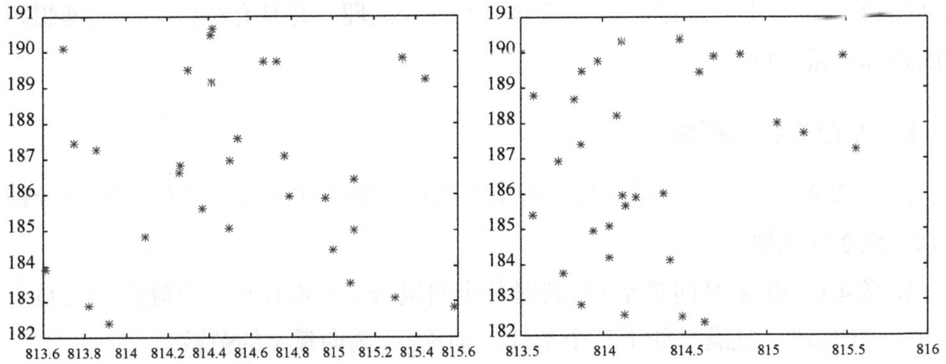

(a) 拉丁超立方抽样　　(b) 随机抽样

图 4-5　不同抽样方式抽样得到的样本点分布图

从图 4-5 中可以看出，采用拉丁超立方抽样获取的样本点较为分散，边缘区域也存在样本点，表明抽取的样本点多样性较好；而采用随机抽样获取的样本点在超体中分布较为集中，边缘区域的样本点较少，此时样本点的多样性较差。因此，拉丁超立方抽样方法的优势在于其能够高效地在多维空间中均匀分布样本点，从而全面覆盖变量空间的潜在区域，这对于提高模型预测精度及加速优化过程至关重要。在 3 目标的优化问题中，评估个体 A、B 和 C 优劣的过程如下。首先，利用拉丁超立方抽样技术，分别在个体 A、B、C 的目标超体中获取 N 个样本点。然后，计算每个样本点到理想超平面的距离，并求距离的平均值。最后，通过距离理想超平面的远近程度对个体 A、B、C 排序，距离越小，表明个体的收敛性越强。目标空间中个体 A、B 和 C 到理想超平面的距离比较如图 4-6 所示。

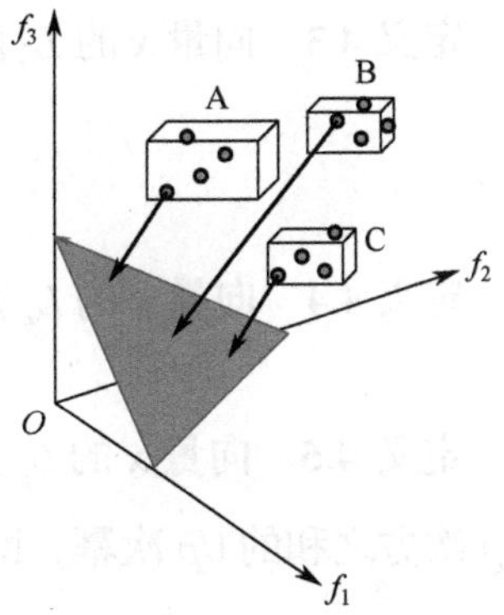

图 4-6　目标空间中个体 A、B 和 C 到理想超平面的距离比较

4.3.3 L_p范数距离测度

本章以进化个体的区间目标超体到理想超平面的距离作为收敛性准则，对个体优劣进行排序，进而选择最优解。4.3.2 节利用拉丁超立方抽样获取每个进化个体的目标超体的样本点，将样本点到理想超平面的平均距离作为该进化个体的收敛性度量。本节引入 L_p 范数相关概念、术语及定理，并且介绍样本点到理想超平面的距离度量准则。

1．L_p范数相关概念

范数常常用来度量空间中某个向量空间或者矩阵中向量的长度，它是一种具有长度概念的函数。

定义 4.1 设 X 是向量空间，若对每个向量 $\boldsymbol{x}\in X$ 都存在一个确定的实数与其对应，记作 $\|\boldsymbol{x}\|$，且满足如下三个条件，则称 $\|\boldsymbol{x}\|$ 为向量 $\boldsymbol{x}$ 的范数。

正定性：$\|\boldsymbol{x}\|\geqslant 0$，且 $\|\boldsymbol{x}\|=0$ 当且仅当 $\boldsymbol{x}=\boldsymbol{0}$；

正齐次性：$\|a\boldsymbol{x}\|=|a|\,\|\boldsymbol{x}\|$，$a\in\mathbf{R}$；

三角不等式：$\|\boldsymbol{x}+\boldsymbol{h}\|\leqslant\|\boldsymbol{x}\|+\|\boldsymbol{h}\|,\boldsymbol{x}\in X,\boldsymbol{h}\in X$；

定义 4.2 对于任意向量 $\boldsymbol{x}=(x_1,x_2,\cdots,x_d)$，常见的向量范数包括 L_1 范数，L_2 范数，L_∞ 范数，L_p 范数。向量 $\boldsymbol{x}$ 的 L_1 范数表示为所有元素的绝对值之和，即

$$\|\boldsymbol{x}\|_{L_1}=\sum_{i=1}^{d}|x_i| \tag{4.4}$$

定义 4.3 向量 $\boldsymbol{x}$ 的 L_2 范数表示为向量各元素的绝对值的平方和再开方，即

$$\|\boldsymbol{x}\|_{L_2}=\left(\sum_{i=1}^{d}|x_i|^2\right)^{\frac{1}{2}} \tag{4.5}$$

定义 4.4 向量 $\boldsymbol{x}$ 的 L_∞ 范数表示为向量中所有元素的绝对值中的最大值，即

$$\|\boldsymbol{x}\|_{L_\infty}=\max_{1\leqslant i\leqslant d}|x_i| \tag{4.6}$$

定义 4.5 向量 $\boldsymbol{x}$ 的 L_p 范数是 L_∞ 范数的推广，其表示为向量各元素的绝对值的 p 次方之和的 $1/p$ 次幂，即

$$\|\boldsymbol{x}\|_{L_p}=\left(\sum_{i=1}^{d}|x_i|^p\right)^{1/p} \tag{4.7}$$

综上所述，给出 L_p 范数的定义，即

$$\begin{cases} \|\boldsymbol{x}\|_{L_p} = \left(\sum_{i=1}^{d} |x_i|^p\right)^{1/p}, 1 \leqslant p < \infty \\ \|\boldsymbol{x}\|_{L_\infty} = \max_{1 \leqslant i \leqslant d} |x_i|, p = \infty \end{cases} \tag{4.8}$$

2．样本点到理想超平面的 L_p 范数距离测度

在确定好理想超平面后，在 m 维空间（$\mathbf{R}^m$）中，拉丁超立方抽样获得的任意一个样本点 $\boldsymbol{x}_0(x_1, x_2, \cdots, x_m)$ 到超平面 $\boldsymbol{W}^{\mathrm{T}}\ \boldsymbol{x} + b = 0$ 的距离等价于求解位于超平面 $\boldsymbol{W}^{\mathrm{T}} \cdot \boldsymbol{x} + b = 0$ 上的一点 $\boldsymbol{p}_0$，使其与 x_0 的距离最小，即

$$\begin{aligned} &\arg\min \|\boldsymbol{x}_0 - \boldsymbol{p}_0\| \\ &s.t.\ \boldsymbol{W}^{\mathrm{T}} \cdot \boldsymbol{x} + b = 0 \end{aligned} \tag{4.9}$$

设 $(X, \|\cdot\|)$ 是一个范数空间，若令 $d(\boldsymbol{x}_0, \boldsymbol{p}_0) = \|\boldsymbol{x}_0 - \boldsymbol{p}_0\|, (\boldsymbol{x}_0, \boldsymbol{p}_0 \in X)$，容易验证 $d(\boldsymbol{x}_0, \boldsymbol{p}_0)$ 是 X 上的距离，则称 $d(\boldsymbol{x}, \boldsymbol{h})$ 是通过范数 $\|\cdot\|$ 导出的距离。当 $p = 1, 2,$ 或 ∞ 时，分别对应曼哈顿距离 $d_{L_1}(\boldsymbol{x}, \boldsymbol{h})$，欧几里得距离 $d_{L_2}(\boldsymbol{x}, \boldsymbol{h})$ 和切比雪夫距离 $d_{L_\infty}(\boldsymbol{x}, \boldsymbol{h})$，当 p 取其他值时，$d_{L_p}(\boldsymbol{x}, \boldsymbol{h})$ 统称为闵可夫斯基距离。

定义 4.6 设在有限维线性空间中定义两个范数 $\|\cdot\|$ 和 $\|\cdot\|^*$，则必然存在常数 a 和 b，使得对于所有的向量 $\boldsymbol{x} \in X$，有

$$a\|\boldsymbol{x}\| \leqslant \|\boldsymbol{x}\|^* \leqslant b\|\boldsymbol{x}\| \tag{4.10}$$

也就是说，有限维线性空间具有比无限维线性空间更好的性质，同一空间上的范数等价性就是其中之一。

定理 4.1 范数等价性定理 在有限维线性空间上，所有的范数都是等价的。

根据上述定义及定理，在曼哈顿距离、欧几里得距离、切比雪夫距离和闵可夫斯基距离中，样本点到理想超平面的距离因范数不同而有所差异，但由于范数的等价性，依据距离对进化个体的优劣排序是一致的。因此，本章采用应用较为广泛的 L_2 范数（欧几里得距离）作为样本点到理想超平面的距离度量。设在 3 目标的优化问题中有个体 A、B 和 C，采用基于拉丁超立方抽样的 L_p 范数评估个体优劣的过程如下。首先，利用拉丁超立方抽样技术，分别在个体 A、B、C 的目标超体中获取 N 个样本点。其次，计算每个样本点到理想超平面的 L_p 范数，并求距离的平均值。最后，通过 L_p 范数平均距离对个体 A、B、C 排序。

4.3.4 最优解选择策略

在 EA 的一般框架中，随机初始化规模为 N 的进化种群，经过选择、交叉、变异等一系列遗传操作后，产生了与种群规模相同的子种群。在父代种群和子代种群合并之后，下一代的进化种群将通过一些方法或者策略从规模为 $2N$ 的种群中选出，即从 $2N$ 个个体中选择 N 个最优个体进入下一代。为了选择出收敛性较强的进化个体，本章在 4.3.1 节提出了理想超平面，这不仅可以促使进化种群向 Pareto 最优前沿收敛，还可以促使算法获得的解集不断地逼近 Pareto 解集。但是，在选择下一代种群过程中，若仅仅考虑上述策略，虽然可以促使选择的解集具有较强的收敛性，但在一定程度上会导致种群多样性较差，容易陷入局部最优。随着迭代次数增加，算法获得的最优解数量会越来越少。为此，本章设计了 RPS 策略、GS 策略及 AS 策略这三种最优解选择策略，它们可在保持种群收敛性的同时，增加种群多样性，从而提升算法进化效率。下面将介绍这三种最优解选择策略。

1. RPS 策略

如算法 4.1 所示，在进化的每一代中，RPS 策略的基本流程如下。首先，对父代和子代合并后的种群 X（规模为 $2N$）中的每个个体，计算其到当前理想超平面 Hp 的距离，记作 $D(x_i)$。然后，对种群 X 的 $D(x_i)$ 进行升序排序，并将排序后的种群 X 划分为两个部分，即前 N 个个体为最优解集合 A_{best}，后 N 个个体为次优解集合 B_{best}。接着，分别取 A_{best} 中的第一个个体 a_i 和 B_{best} 中相应位置的个体 b_i，随机赋予其选择概率 ρ_1 和 ρ_2。若 $\rho_1 > \rho_2$，则选择概率较大的个体 a_i 进入下一代种群；若两者的选择概率相等（$\rho_1 = \rho_2$），则选择目标体积较小的那一个进入下一代种群。重复上述操作，直到下一代种群规模达到 N。

算法 4.1 RPS 策略的伪代码

For $i=1$ **to** $2N$
    计算个体 x_i 到理想超平面 Hp 的距离，依据公式（4.8）;
End
$[X_1, \text{Num}] = \text{sort}(D(x_i))$ %依据个体到理想超平面的距离对种群 X 进行升序排序
$A_{\text{best}} = X_1(\text{Num}(1:N,:),:)$ %前 N 个个体构成最优解集合 A_{best}

```
B_best = X_1(Num(N+1:end,:),:)   %后 N 个个体构成次优解集合 B_best
设 ρ_1, ρ_2 ∈ [0,1] 分别表示当前 A_best 和 B_best 中个体的选择概率；
For i =1 to N
    分别为 a_i ∈ A_best ， b_i ∈ B_best 随机赋予选择概率 ρ_1 和 ρ_2 ；
    If  ρ_1 > ρ_2
        将个体 a_i 加入下一代种群 X;
    Else If  ρ_2 > ρ_1
        将个体 b_i 加入下一代种群 X;
    Else
        比较目标体积 V(a_i) 和 V(b_i)，较小的加入下一代种群；
    End If
End For
```

2．GS 策略

与上述 RPS 策略不同的是，GS 策略针对的不是每个进化个体，而是最优解集合 A_{best} 和次优解集合 B_{best}。换句话说，我们通过概率选择成为下一代种群的是 A_{best} 还是 B_{best} ，而不是逐个评估每个个体是否进入下一代种群 X 。如算法 4.2 所示，在进化的每一代中，GS 策略的基本流程如下。与 RPS 策略相似，在进行概率比较之前，需要做如下操作：

算法 4.2　GS 策略的伪代码

```
For i =1 to 2N
    计算个体 x_i 到理想超平面 Hp 的距离，依据公式（4.8）;
End
[X_1, Num] = sort(D(x_i))          %依据个体到理想超平面的距离对种群 X 进行升序排序
A_best = X_1(Num(1:N,:),:)         %前 N 个个体构成最优解集合 A_best
B_best = X_1(Num(N+1:end,:),:)     %后 N 个个体构成次优解集合 B_best
设 ρ_1 和 ρ_2 分别表示 A_best 和 B_best 的选择概率区间，且 ρ_1 ∈ (0,0.5]， ρ_2 ∈ (0.5,1]，有
c = rand( )  %随机生成 0～1 的常数 c，表示当前的选择概率
If  c ∈ ρ_1
    将最优解集合 A_best 作为下一代种群 X;
Else
    将次优解集合 B_best 作为下一代种群 X;
End
```

首先，对父代和子代合并后的种群 X（规模为 $2N$）中的每个个体，计算其到当前理想超平面 Hp 的距离，记作 $D(x_i)$。然后，通过距离 $D(x_i)$ 对种群 X 进行升序排序，并将排序后的种群 X 划分为两个部分，即前 N 个个体为最优解集合 A_{best}，后 N 个个体为次优解集合 B_{best}。接着，设置 A_{best} 和 B_{best} 的选择概率分别为 $\rho_1 \in [0,0.5)$ 和 $\rho_2 \in (0.5,1]$，即它们的选择概率相等。生成一个随机数 c，用来标记当前迭代中选择哪一组集合作为下一代种群 X。若随机数 c 在 A_{best} 的选择概率区间内，即 $c \in \rho_1$，则将最优解集合 A_{best} 作为下一代种群 X；反之，若随机数 c 在 B_{best} 的选择概率区间内，即 $c \in \rho_2$，则将次优解集合 B_{best} 作为下一代种群 X。

3. AS 策略

AS 策略与上述 RPS 策略和 GS 策略的相同之处是，AS 策略也需要利用样本点到理想超平面的距离 $D(x_i)$ 对规模为 $2N$ 的种群排序，将其划分为最优解集合 A_{best} 和次优解集合 B_{best}。但是，与它们的不同之处在于，该策略不设置任何概率因子，下一代种群由两个集合中的前 $N/2$ 个个体构成，该策略的伪代码如算法 4.3 所示。

算法 4.3　AS 策略的伪代码

For $i=1$ **to** $2N$

　计算个体 x_i 到理想超平面 Hp 的距离，记作 $D(x_i)$，依据公式（4.8）;

End

$[X_1, \text{Num}] = \text{sort}(D(x_i))$　　%依据个体到理想超平面的距离对种群 X 进行升序排序

$A_{\text{best}} = X_1(\text{Num}(1:N,:),:)$　　%前 N 个个体构成最优解集合 A_{best}

$B_{\text{best}} = X_1(\text{Num}(N+1:\text{end},:),:)$　　%后 N 个个体构成次优解集合 B_{best}

$A = A_{\text{best}}(1:N/2,:)$　　%选取 A_{best} 中 $D(x_i)$ 较小的 $N/2$ 个个体

$B = B_{\text{best}}(1:N/2,:)$　　%选取 B_{best} 中 $D(x_i)$ 较小的 $N/2$ 个个体

$X = A \cup B$　　%合并种群 A 和 B，作为下一代种群 X

4.3.5 IMaOEA-IH 框架

本章将 4.3.1 节构建的理想超平面、4.3.2 节的拉丁超立方抽样方法，以及 4.3.3 节的最优解选择策略结合，提出了 IMaOEA-IH。其中，三种最优解选择策略不会同时存在于 IMaOEA-IH 中，将采用 RPS 策略的 IMaOEA-IH 记为

IMaOEA-IH-RPS，采用 GS 策略的 IMaOEA-IH 记为 IMaOEA-IH-GS，采用 AS 策略的 IMaOEA-IH 记为 IMaOEA-IH-AS。接下来，详细描述提出 IMaOEA-IH 的流程，包括初始化阶段、遗传阶段、构建理想超平面阶段、依据距离排序阶段、最优解选择阶段。图 4-7 所示为 IMaOEA-IH 的流程。

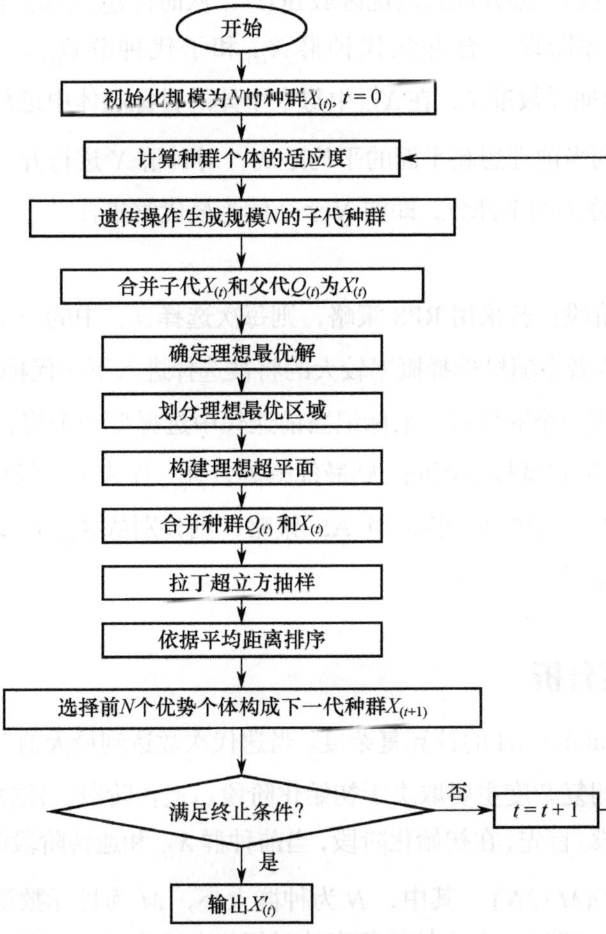

图 4-7　IMaOEA-IH 的流程

初始化阶段：随机初始化规模为 N 的种群 $X_{(t)}=\{x_1,x_2,\cdots,x_N\}$，取进化代数 $t=0,t\leqslant T$，T 为最大迭代次数。

遗传阶段：首先，通过锦标赛选择，每次在种群 $X_{(t)}$ 中随机挑选两个个体，比较两者各个目标的下限之和，相比较小的个体被选择加入匹配池，另一个个体则

被放回种群 $X_{(t)}$，重复上述操作，直到匹配池的规模为 N。然后，将匹配池中的个体作为父代，通过二进制交叉及多项式变异算子，生成一个规模为 N 的子代种群 $Q_{(t)}=\{q_1,q_2,\cdots,q_N\}$。

构建理想超平面阶段：在目标空间中，通过理想最优解 z 的最大边界点 $\mathbb{Z}_m$ 在每一维目标轴上投影，划分理想最优区域 $\mathrm{IR}(t)$，从而构建理想超平面。

依据距离排序阶段：合并父代种群 $X_{(t)}$ 和子代种群 $Q_{(t)}$，记作 $X'_{(t)}=\{x_1, x_2,\cdots,x_{2N}\}$。设置抽样数量 δ，在 $X_{(t)}$ 中每个个体的目标超体中进行拉丁超立方抽样，计算样本点到当前理想超平面的平均距离，对种群 X 进行升序排序，并将排序后的种群 X 划分为两个部分，即前 N 个个体为最优解集合 A_{best}，后 N 个个体为次优解集合 B_{best}。

最优解选择阶段：若采用 RPS 策略，则每次选择 A_{best} 中的一个个体及 B_{best} 相应位置的个体，两者中随机选择概率较大的将被选择进入下一代种群；若采用 GS 策略，则随机生成一个随机数 c 来标记当前迭代中选择哪一个集合作为下一代种群，若 c 落在 A_{best} 的选择概率区间，则最优解集合 A_{best} 作为下一代种群，否则次优解集合 B_{best} 作为下一代种群；若采用 AS 策略，则分别从 A_{best} 和 B_{best} 选择 $N/2$ 个个体构成下一代种群。

4.3.6 复杂度分析

本节分析 IMaOEA-IH 的计算复杂度。当迭代次数达到最大值时，IMaOEA-IH 停止运行，其时间复杂度主要取决于初始化阶段、遗传阶段、依据距离排序阶段和最优解选择阶段。首先，在初始化阶段，当前种群 $X_{(t)}$ 和遗传阶段的子代种群 $Q_{(t)}$ 的时间复杂度为 $O(M\cdot 2N)$，其中，N 为种群大小，M 为目标数量。然后，在依据距离排序阶段，计算 $2N$ 个个体的距离的时间复杂度为 $O(2N\cdot M)$，$\mathrm{sort}(D_{L_p}(x_i))$ 函数的时间复杂度为 $O(N\log 2N)$。在最优解选择阶段，采用 RPS 策略、GS 策略及 AS 策略的时间复杂度分别是 $O(N^2\log N)$、$O(N\log 2N)$ 及 $O(2N)$。因此，IMaOEA-IH 的时间复杂度为 $O(N^2\log N)$。

4.4 仿真实验

4.4.1 性能评价指标及参数设置

本章实验的性能评价指标及对比算法的设置与第 3 章相同，因此参照第 3 章参数进行相应设置，这里不再赘述。

4.4.2 采样数量对不同最优解选择策略的影响分析

本章提出的三种最优解选择策略均采用拉丁超立方抽样获得个体到理想超平面的距离。由于采样数量直接影响距离数值，本节通过设置采样数量分别为 10、50、80、100 和 150，对三种最优解选择策略进行分析。为了使表达更清晰，我们将三种策略放置在整个算法框架下，形成了 IMaOEA-IH-RPS、IMaOEA-IH-GS 和 IMaOEA-IH-AS 三种算法。

图 4-8、图 4-9 和图 4-10 分别给出了 IMaOEA-IH-RPS、IMaOEA-IH-GS 和 IMaOEA-IH-AS 这三种算法在 4 个目标的 InDTLZ6 和 4 个目标的 InMaOP6 上的 IIGD 值随迭代次数的变化曲线。可以看出，对于 InDTLZ6 而言，IMaOEA-IH-RPS、IMaOEA-IH-GS 和 IMaOEA-IH-AS 大致在迭代次数达到 15000 时，算法收敛到最优的 IIGD 值。对于 IMaOEA-IH-RPS 而言，随着采样数量的增加，该策略在 InDTLZ6 测试问题上的 IIGD 值逐渐减小，表明其综合性能逐渐增强。但是，当采样数量为 150 时，其 IIGD 值增加，表明采样数量的增加会导致该策略的性能下降。而 IMaOEA-IH-GS 和 IMaOEA-IH-AS 分别在采样数量为 80 和 150 时，其综合性能表现最优。

对于 InMaOP6 测试函数，IMaOEA-IH-RPS、IMaOEA-IH-GS 和 IMaOEA-IH-AS 大致在迭代次数达到 7500 时，算法收敛到最优的 IIGD 值。具体而言，当 IMaOEA-IH-RPS 采样数量增加到 100 时，IMaOEA-IH-RPS 的综合性能减弱，但当增加至 150 时，其性能又增强，在不同采样数量上的 IIGD 值表现为：采样数量 10 = 采样数量 100 < 采样数量 50 < 采样数量 80 < 采样数量 150；IMaOEA-IH-GS 在收敛性和多样性的平衡能力方面几乎不受到采样数量的影响；而 IMaOEA-IH-AS 随着采样数量的增加，IIGD 值逐渐减小，当采样数量达到 150 时，性能有所下降。

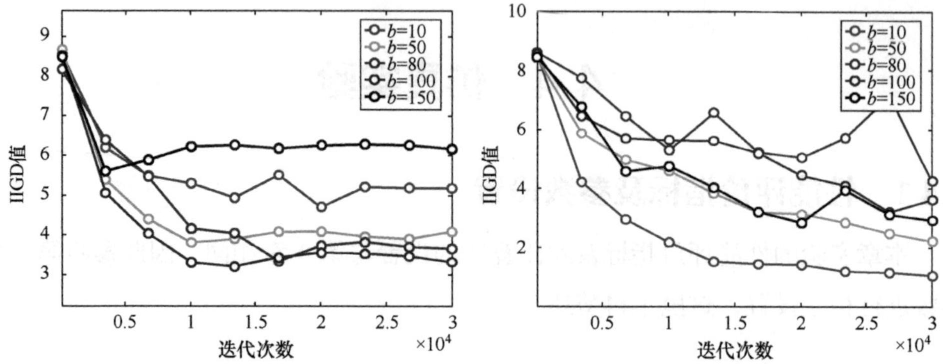

(a) InDTLZ6 (b) InMaOP6

图 4-8 IMaOEA-IH-RPS 算法在 InDTLA6 和 InMaOP6 上的 IIGD 值随迭代次数的变化曲线（本图彩色版见本书彩插）

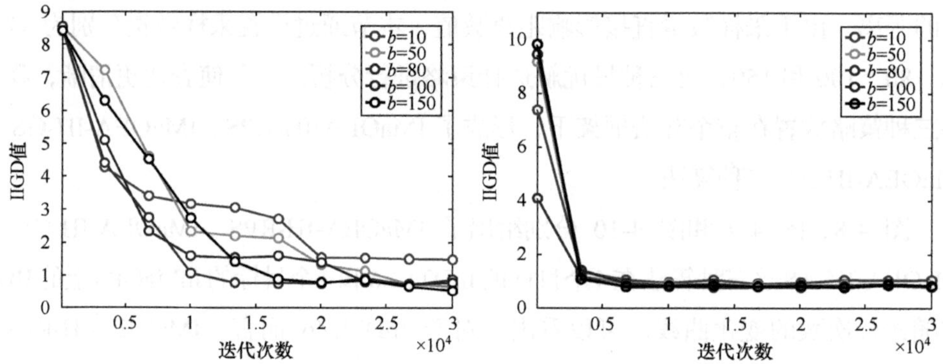

(a) InDTLZ6 (b) InMaOP6

图 4-9 IMaOEA-IH-GS 算法在 InDTLA6 和 InMaOP6 上的 IIGD 值随迭代次数的变化曲线（本图彩色版见本书彩插）

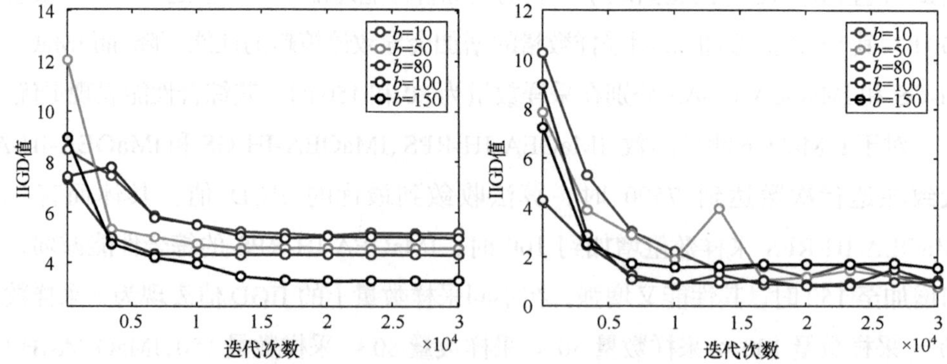

(a) InDTLZ6 (b) InMaOP6

图 4-10 IMaOEA-IH-AS 算法在 InDTLA6 和 InMaOP6 上的 IIGD 值随迭代次数的变化曲线（本图彩色版见本书彩插）

综合以上分析，拉丁超立方抽样的数量对不同的基准测试问题的影响不同，但基本上，当采样数量达到 100 时，算法的性能基本可以达到最优。因此，本章后续实验中，均将采样数量设置为 100。

4.4.3 不同最优解选择策略对算法性能的影响分析

表 4-1 分别给出了 IMaOEA-IH-RPS、IMaOEA-IH-GS、IMaOEA-IH-AS 在 InMaOP 测试问题上的 IIGD 结果，其中包括 4、6、8、10 和 15 个目标的比较。从结果来看，在 40 个 InMaOP 测试函数上，IMaOEA-IH-GS、IMaOEA-IH-RPS 和 IMaOEA-IH-AS 获得最优 IIGD 值的数量分别是 10、0 和 30。其中，IMaOEA- IH-GS 在 4 个目标的 InMaOP6，6、8 个目标的 InMaOP2 和 InMaOP6，10 个目标的 InMaOP2 和 InMaOP3，15 个目标的 InMaOP2、InMaOP3 和 InMaOP6 上优于其他两种算法。IMaOEA-IH-AS 则在剩下的 30 个测试函数上具有最好的性能。因此，我们认为 IMaOEA-IH-AS 对于 InMaOP 基准测试问题的求解效率是最高的，本章后续实验将比较 IMaOEA-IH-AS 与其他前沿的区间高维多目标进化算法的性能。

表 4-1 三种最优解选择策略在 InMaOP 测试问题上的 IIGD 结果

测试函数	*M*	IMaOEA-IH-GS	IMaOEA-IH-RPS	IMaOEA-IH-AS
InMaOP2	4	9.0373e+0	6.0830e+1	**8.3686e+0**
	6	**6.0707e+0**	4.9815e+1	7.0806e+0
	8	**4.6136e+0**	4.0517e+1	7.3181e+0
	10	**1.0504e+1**	3.4321e+1	1.2915e+1
	15	**3.1676e+0**	4.1087e+1	5.7200e+0
InMaOP3	4	6.1744e+1	6.7781e+1	**5.8079e+1**
	6	7.5522e+1	8.2276e+1	**7.4793e+1**
	8	9.0072e+1	9.7021e+1	**8.9592e+1**
	10	**1.0954e+2**	1.1390e+2	1.0955e+2
	15	**1.3872e+2**	1.5474e+2	1.3896e+2
InMaOP4	4	6.3845e+0	8.4091e−1	**8.2963e−1**
	6	4.6368e+0	1.0008e+0	**9.1425e−1**
	8	2.6628e+0	1.2230e+0	**9.6070e−1**
	10	2.9336e+0	1.1227e+0	**8.8034e−1**
	15	1.8128e+0	4.5750e+0	**1.0668e+0**

（续表）

测试函数	*M*	IMaOEA-IH-GS	IMaOEA-IH-RPS	IMaOEA-IH-AS
InMaOP5	4	9.3421e+0	1.0664e+1	**1.9187e+0**
	6	8.4576e+0	1.2634e+1	**2.8829e+0**
	8	1.3631e+1	1.1423e+1	**3.6676e+0**
	10	1.7803e+1	1.0388e+1	**6.0061e+0**
	15	1.6064e+1	2.9560e+1	**6.6379e+0**
InMaOP6	4	**5.4284e+0**	7.9401e+1	6.1520e+0
	6	**6.4135e+0**	1.0653e+2	7.1855e+0
	8	**6.9230e+0**	1.1345e+2	9.0230e+0
	10	1.1576e+1	3.8158e+1	**1.1068e+1**
	15	**1.1168e+1**	2.2663e+2	1.4586e+1
InMaOP7	4	1.0487e+2	7.8413e+1	**1.8365e+1**
	6	7.7418e+1	1.0574e+2	**2.3286e+1**
	8	1.0617e+2	1.0164e+2	**2.3477e+1**
	10	1.4878e+2	1.0922e+2	**3.8430e+1**
	15	1.3359e+2	2.1765e+2	**3.3605e+1**
InMaOP8	4	8.5591e+1	8.0642e+1	**1.7760e+1**
	6	9.3884e+1	9.1713e+1	**2.3592e+1**
	8	1.1533e+2	1.2587e+2	**2.1722e+1**
	10	1.7291e+2	1.1493e+2	**4.1344e+1**
	15	1.7457e+2	2.1393e+2	**3.7245e+1**
InMaOP9	4	1.1548e+2	6.5953e+1	**1.8486e+1**
	6	1.1566e+2	9.9671e+1	**2.1647e+1**
	8	1.5569e+2	1.1571e+2	**2.5862e+1**
	10	1.8074e+2	1.1854e+2	**4.1239e+1**
	15	1.5064e+2	2.0254e+2	**3.2789e+1**
Best/All		10/40	0/40	30/40

4.4.4 算法在 InMaOP 测试问题上的性能比较

表 4-2 所示为 IMaOEA-IH-AS 算法与其他算法在 InMaOP 测试问题上的 IIGD 结果。从表 4−2 的结果来看，IMaOEA-IH-AS 分别在 21 个、37 个和 24 个问题上优于 IPMOEA、SPGA 和 LLPDIMOGA 算法。而 IPMOEA 和 LLPDIMOGA 优于 IMaOEA-IH-AS 的测试函数数量分别是 3 个和 2 个。遗憾的是，SPGA 在 40 个测试函数中，没有任何一个在 4 种算法中是最优的。依据表 4−2 中的最佳解决方案

的数量，4 种算法的排名为：IMaOEA-IH-AS > LLPDIMOGA > IPMOEA > SPGA。虽然 IMaOEA-IH-AS 在 InMaOP4、InMaOP6 和 InMaOP8 测试函数上略差于其他算法，但在 InMaOP2、InMaOP3、InMaOP5 和 InMaOP8、InMaOP9 测试函数上具有显著优势。原因可以归结为偏好性和复杂性，对于 InMaOP4、InMaOP6 和 InMaOP8，存在许多局部 Pareto 最优解。其中，对于 InMaOP6～InMaOP9 这 4 个测试函数而言，IPMOEA 具有与 IMaOEA-IH-AS 相同的 IIGD 值，这表明两者在这些问题上的求解性能是相似的。此外，LLPDIMOGA 也有类似的情况，即有 14/40 的测试函数上与 IMaOEA-IH-AS 的 IIGD 值近似相等。出现上述情况的原因可能是，InMaOP6～InMaOP9 均具有复杂的 Pareto 解集，且其表现出局部退化性，在获得收敛性和多样性俱佳的解集方面比较困难。整体来看，算法 IMaOEA-IH-AS 的性能优于其他先进算法。

表 4-2　IMaOEA-IH-AS 算法与其他算法在 InMaOP 测试问题上的 IIGD 结果

测试函数	*M*	IPMOEA	SPGA	LLPDIMOGA	IMaOEA-IH-AS
InMaOP2	4	2.0071e+1−	8.3853e+1−	2.3452e+1−	**7.1208e+0**
	6	3.1792e+1−	4.2455e+1−	3.0870e+1−	**7.5601e+0**
	8	3.2283e+1−	4.3830e+1−	3.0184e+1−	**8.5463e+0**
	10	3.0054e+1−	2.8437e+1−	3.2817e+1−	**1.1230e+1**
	15	4.6510e+1−	3.7531e+1−	3.5273e+1−	**6.2489e+0**
InMaOP3	4	6.6334e+1−	6.9916e+1−	6.4938e+1−	**5.9315e+1**
	6	7.9890e+1−	8.5300e+1−	8.1769e+1−	**7.2828e+1**
	8	9.7789e+1−	1.0077e+2−	9.7275e+1−	**9.0018e+1**
	10	1.1282e+2−	1.1445e+2−	1.1127e+2−	**1.0829e+2**
	15	1.5544e+2−	1.5533e+2−	1.5470e+2−	**1.4041e+2**
InMaOP4	4	**4.0057e−1 +**	8.5767e+1−	4.0075e−1 +	8.3741e−1
	6	8.7112e−1 =	6.1375e+1−	**8.2520e−1 +**	9.4690e−1
	8	**9.1076e−1 =**	5.9342e+1−	1.0267e+0 =	9.6166e−1
	10	9.6496e−1 =	2.3912e+1−	9.4632e−1 =	**8.8495e−1**
	15	1.6349e+0−	5.2792e+1−	1.7826e+0−	**1.0513e+0**
InMaOP5	4	3.6003e+0−	2.6114e+1−	3.5117e+0−	**1.9741e+0**
	6	6.1837e+0−	3.0618e+1−	5.8931e+0−	**3.1914e+0**
	8	7.2220e+0−	3.7926e+1−	8.6955e+0−	**3.3979e+0**
	10	9.1087e+0−	2.2189e+1−	9.6619e+0−	**5.9463e+0**
	15	1.6972e+1−	6.4770e+1−	1.6575e+1−	**7.6577e+0**

（续表）

测试函数	*M*	IPMOEA	SPGA	LLPDIMOGA	IMaOEA-IH-AS
InMaOP6	4	4.8204e+0 +	2.4223e+1−	**4.3812e+0 =**	6.3642e+0
	6	**5.1012e+0 +**	8.2487e+0 =	6.1088e+0 =	7.1558e+0
	8	9.2724e+0 =	9.2012e+0 =	**9.0907e+0 =**	9.5756e+0
	10	1.0741e+1 =	1.2983e+1 =	**1.0148e+1 =**	1.1438e+1
	15	**1.5352e+1 =**	2.2660e+1−	1.9262e+1−	1.5399e+1
InMaOP7	4	2.2692e+1 =	1.4900e+2−	**1.6591e+1 =**	1.7659e+1
	6	2.5076e+1 =	5.4518e+2−	3.2207e+1 =	**2.4870e+1**
	8	6.8796e+1 =	7.2586e+2−	6.1658e+1	**2.7746e+1**
	10	1.1447e+2−	6.1739e+2−	1.3713e+2−	**4.5986e+1**
	15	5.0900e+1 =	2.0947e+3−	3.4588e+1 =	**3.4528e+1**
InMaOP8	4	1.9104e+1 =	1.6215e+2−	2.2169e+1 =	**1.6604e+1**
	6	3.3039e+1 =	7.3247e+2−	**2.1197e+1 =**	2.2799e+1
	8	7.6082e+1−	6.1146e+2−	8.7647e+1−	**2.6925e+1**
	10	1.1151e+2−	5.8798e+2−	1.2110e+2−	**5.3178e+1**
	15	4.9460e+1 =	2.2167e+3−	**2.4031e+1 =**	4.1290e+1
InMaOP9	4	1.9925e+1 =	1.6292e+2−	**1.5728e+1 =**	1.7668e+1
	6	3.4323e+1 =	5.8148e+2−	3.9891e+1−	**2.3367e+1**
	8	8.9727e+1−	4.8780e+2−	1.0620e+2−	**2.6484e+1**
	10	1.3793e+2−	6.0384e+2−	9.4073e+1−	**3.7495e+1**
	15	4.3035e+1 =	9.6772e+2−	4.8696e+1 =	**3.4210e+1**
Best/All		4/40	0/40	8/40	28/40
+/−/=		3/21/16	0/37/3	2/24/14	—

表 4-3 给出了不同算法在 4、6、8、10、15 个目标的 InMaOP2～InMaOP9 的 IX 结果。在 40 个问题中，与 LLPDIMOGA、IPMOEA 和 SPGA 算法相比，我们提出的 IMaOEA-IH-AS 算法分别在 28 个问题上取得了更好的结果。在所有 4 个目标的 InMaOP 测试问题中，IPMOEA 和 LLPDIMOGA 分别在 1 个和 2 个问题上获得了更好的结果。IMaOEA-IH-AS 在 21 个问题上优于 IPMOEA，在 37 个问题上优于 SPGA，在 24 个问题上优于 LLPDIMOGA。为了进一步分析上述 4 种算法在求解 InMaOP 测试问题上获得的解集在目标空间中的表现，图 4-11 给出了 4 种算法在不同目标的 InMaOP2 测试函数的 Pareto 最优前沿，其中每个目标值以其区间目标函数值的中点表示。横轴表示目标个数，纵轴表示目标函数值。从图 4-11 可以看出，对于解集的多样性，在 6、8、10 个目标情况下，4 种算法获得的解分布较广泛，其多样性相差不多；而在 15 个目标中，由于目标数量的增加，解集多样

性有显著差异，解集收敛性较为明显，IMaOEA-IH-AS 的目标函数值收敛至 0～5，与其他三种算法相比，收敛值要小得多。

表 4-3 IMaOEA-IH-AS 算法与其他算法在 InMaOP 测试问题的 IX 结果

测试函数	*M*	IPMOEA	SPGA	LLPDIMOGA	IMaOEA-IH-AS
InMaOP2	4	2.3171e+2 =	**1.9595e+2 =**	2.1498e+2 =	2.1767e+2
	6	3.7364e+2−	3.4467e+2−	3.7519e+2−	**3.2263e+2**
	8	5.4511e+2−	5.4210e+2−	5.4468e+2−	**4.8096e+2**
	10	1.1440e+3−	1.1542e+3−	1.1445e+3−	**1.0468e+3**
	15	8.0061e+2−	7.9419e+2−	7.9377e+2−	**7.1038e+2**
InMaOP3	4	2.4514e+2−	**1.5697e+2 +**	2.3331e+2 =	2.2574e+2
	6	3.6505e+2−	3.6032e+2−	3.6448e+2−	**3.2127e+2**
	8	5.3308e+2−	5.4470e+2−	5.3802e+2−	**4.8771e+2**
	10	1.1225e+3−	1.1483e+3−	1.1266e+3−	**1.0447e+3**
	15	7.8250e+2−	7.8192e+2−	7.7802e+2−	**7.0018e+2**
InMaOP4	4	2.1916e+2 +	**8.0141e+1 +**	2.2025e+2 =	2.3912e+2
	6	1.4769e+2 +	**1.1679e+2 +**	1.5453e+2 +	3.2693e+2
	8	4.0598e+2 =	2.4643e+2 +	**2.3815e+2 +**	4.8278e+2
	10	9.3002e+2−	1.0490e+3−	9.8961e+2 =	**2.0467e+2**
	15	7.5822e+2−	7.0710e+2−	7.5576e+2	**5.4668e+2**
InMaOP5	4	1.3531e+2−	2.0627e+2−	1.4390e+2 +	**8.7749e+1**
	6	2.5608e+2−	3.2706e+2−	2.7951e+2−	**2.0549e+2**
	8	4.6919e+2−	5.0536e+2−	5.2401e+2−	**4.0053e+2**
	10	1.1132e+3−	1.0950e+3−	1.1074e+3−	**9.5095e+2**
	15	7.7941e+2−	7.5427e+2 =	7.7065e+2−	**7.4197e+2**
InMaOP6	4	1.7946e+2−	1.9106e+2−	1.7434e+2 =	**8.5927e+1**
	6	3.1986e+2−	3.4071e+2−	3.4103e+2 =	**2.5061e+2**
	8	5.2466e+2 =	5.1011e+2−	5.3787e+2−	**4.6723e+2**
	10	1.1348e+3−	1.1122e+3−	1.1269e+3 =	**1.0474e+3**
	15	7.8462e+2−	7.8361e+2−	7.7662e+2−	**7.5101e+2**
InMaOP7	4	1.1359e+2 =	**8.0612e+1 +**	1.4326e+2 =	1.3958e+2
	6	1.6565e+2 +	**1.1262e+2 +**	1.6010e+2 =	2.1907e+2
	8	3.6477e+2−	2.4079e+2 +	1.9108e+2−	**1.6666e+2**
InMaOP7	10	6.4491e+2−	4.4043e+2 =	3.3198e+2−	**2.8598e+2**
	15	6.1377e+2−	6.6082e+2 =	5.2425e+2−	**3.9302e+2**

（续表）

测试函数	*M*	IPMOEA	SPGA	LLPDIMOGA	IMaOEA-IH-AS
InMaOP8	4	1.6183e+2 =	**7.9521e+1** +	1.2655e+2 =	1.4759e+2
	6	1.5688e+2 +	1.6508e+2 +	**1.4926e+2** +	2.3701e+2
	8	3.4473e+2−	2.2316e+2 +	1.6802e+2 =	**1.6029e+2**
	10	6.8862e+2−	3.8943e+2 +	2.8591e+2 =	**2.7259e+2**
	15	5.7975e+2 =	6.9112e+2−	5.7144e+2−	**4.0699e+2**
InMaOP9	4	1.4727e+2 =	**1.0069e+2 =**	1.4239e+2 =	1.2944e+2
	6	1.7806e+2 =	**1.5488e+2** +	1.6176e+2 +	2.4404e+2
	8	1.9275e+2 +	2.0243e+2 +	**1.8181e+2** +	4.0855e+2
	10	3.2357e+2 +	4.3480e+2 =	**3.0899e+2** +	6.8522e+2
	15	5.4163e+2=	**3.6118e+2=**	5.1874e+2=	6.2349e+2
Best/All		0/40	10/40	4/40	26/40
+/−/=		6/21/9	13/20/7	7/18/14	—

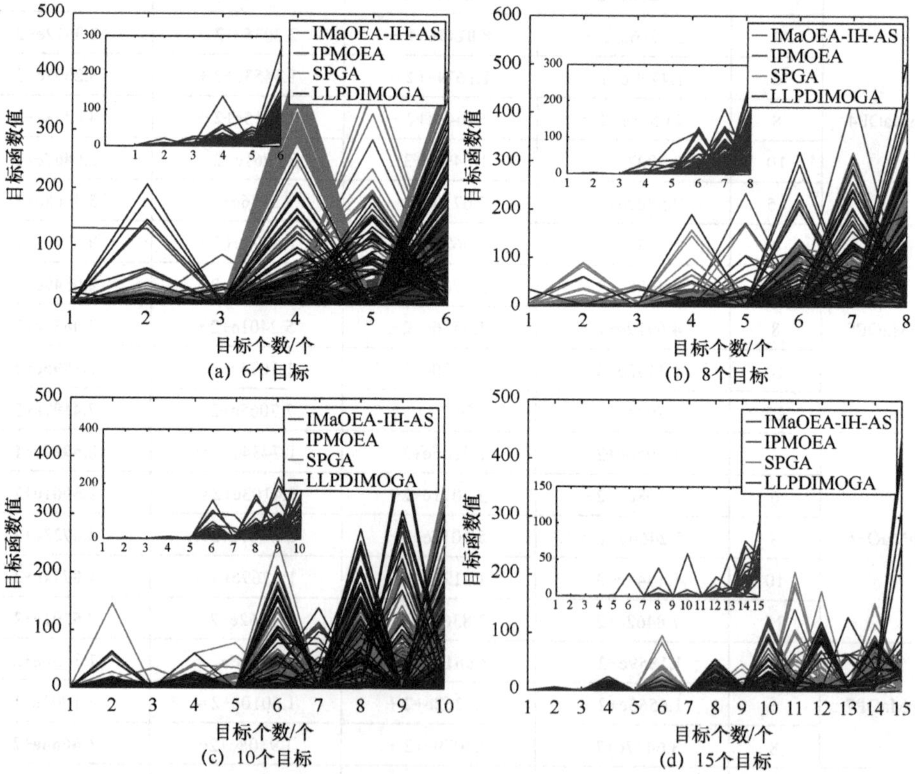

(a) 6个目标 (b) 8个目标 (c) 10个目标 (d) 15个目标

图 4-11 4 种算法在不同个数目标的 InMaOP 测试问题上的 Pareto 最优前沿

（本图彩色版见本书彩插）

为了进一步分析表 4-2 和表 4-3 的结果，我们在表 4-4 中总结了 4 种算法在 InMaOP 测试问题上平均 IIGD 值和 IX 值的排序级别的对应数量，数量越大表明算法的性能越好。对于 InMaOP 测试问题，IMaOEA-IH-AS 在等级 1 上的数量在 4 种算法中是最多的。以等级 1 上的结果排序，4 种算法的优劣排序为：IMaOEA-IH-AS > LLPDIMOGA > SPGA > IPMOEA。由表 4-5 可知，IMaOEA-IH-AS 的 IIGD 值和 IX 值与其他算法具有明显差异，这也反映了 IMaOEA-IH-AS 的优越性。

表 4-4 4 种算法在 InMaOP 测试问题上平均 IIGD 值和 IX 值的排序级别的对应数量统计

问 题	算 法	等 级 1	等 级 2	等 级 3	等 级 4
InMaOP	IPMOEA	10	30	25	15
	LLPDIMOGA	20	7	12	41
	SPGA	12	31	31	6
	IMaOEA-IH-AS	38	12	12	18

表 4-5 IMaOEA-IH-AS 与其他算法在 InMaOP 测试问题上的 Wilcoxon 测试结果

IMaOEA-IH-AS vs.	p 值在 InMaOP 测试问题	
	IIGD 指标	IX 指标
IPMOEA	1×10^{-6}	4.5×10^{-2}
LLPDIMOGA	5.8×10^{-5}	1.01×10^{-1}
SPGA	3.8523×10^{-8}	3.8523×10^{-4}

4.5 小结

针对基于区间 Parcto 支配的高维多目标进化算法面临的最优解选择压力不足、过分偏重多样性导致最终解集无法收敛到 Pareto 最优前沿等问题，本章提出了 IMaOEA-IH。首先，本章分析了个体在目标空间的位置因素，以及在相同支配层的非支配解间的优劣，在目标空间进行区域划分，利用收敛最优区域在目标空间中建立理想超平面，引导算法向收敛性较强的区域搜索。然后，对进化个体的区间目标函数进行拉丁超立方抽样，以样本点与理想超平面之间的平均距离衡量个体优劣。此外，为了增强种群多样性，设计了 RPS、GS 和 AS 三种最优解选择策略。通过三组实验，包括采样数量对不同最优解选择策略的影响分析、不同最优解选择策略对算法性能的影响分析，以及算法在 InMaOP 测试问题的整体性能分析，验证了 IMaOEA-IH-AS 求解区间高维多目标优化问题的优越性。

第5章 综合评价指标选择的区间高维多目标进化算法

第 3、4 两章从 Pareto 支配、理想超平面引导、最优解选择等角度出发，设计了区间高维多目标进化算法。但是，上述算法对于收敛性、多样性及不确定性的平衡有一定的局限性。本章针对算法侧重保持某种性质并遵循“邻域假设”，造成搜索资源的浪费，容易陷入局部最优，难以有效平衡收敛性、多样性及不确定性，提出了综合评价指标选择的区间高维多目标进化算法。

5.1 引言

前已述及，为了获取一个尽可能接近真实的 Pareto 最优前沿，已有的 MaOEA

致力于找到一个收敛性较强且分布较均匀的近似 Pareto 最优解集。在第 3、4 两章中，我们通过主动控制的方式，针对影响算法求解性能的收敛性、多样性及不确定性等因素设计了不同的策略。第 3 章通过柔性区间 Pareto 支配准则增强收敛性，且采用基于区域划分的多样性维护机制辅助进化。第 4 章在目标空间进行区域划分，利用收敛最优区域在目标空间中建立理想超平面，并利用该理想超平面引导算法向收敛性较强的区域搜索，且设计最优解选择策略维持种群的多样性。区间高维多目标进化算法局限性出现的原因可能如下。

（1）在进化的某一个阶段，算法侧重保持某种性质，而将其他性质仅仅作为辅助的衡量标准，这在一定程度上浪费了搜索资源，导致搜索到的解集在最优 Pareto 最优前沿的部分区域偏离了正确的搜索方向，从而难以平衡收敛性、多样性及不确定性之间的关系。

（2）在 Pareto 最优前沿非连通的情况下，传统的“邻域假设”认为优质的解附近存在着更优质的解，这使算法在 Pareto 最优前沿区域浪费了资源，容易陷入错误的局部搜索，进而导致目标空间的多样性不足。

因此，在求解含区间参数的多目标优化问题时，如何在收敛性、多样性及不确定性之间取得一个合理且有效的平衡，成为区间高维多目标进化算法在目标空间具有良好表现的关键。基于性能评价指标的 MaOEA，在算法迭代搜索中将性能评价指标作为给一个或多个解集赋实值的函数，并定义选择机制。该类算法在整个进化过程中优化种群的指标值，对多个性能的平衡具有很大的帮助，但区间高维多目标进化算法的研究成果较少，我们对基于性能评价指标的确定性高维多目标进化算法进行分析，从而为设计合适的性能平衡函数提供思路。

基于上述考虑，本章依据自适应反馈控制的思想，提出了综合评价指标的区间高维多目标进化算法（Interval Many-Objective Evolutionary Algorithm for Comprehensive Evaluation Index，IMaOEA-CEI）。该算法将最优解搜索过程中需要考虑的个体收敛性、种群多样性和不确定性动态地结合起来。首先，在目标空间定义了虚拟最优解，并建立了收敛性度量准则；兼顾搜索空间多样性和目标空间多样性，设计了空间密度度量准则。其次，结合不确定性度量，基于三个权重因子，给出了综合评价指标。再次，使用静态参数、随机参数、动态参数和自适应参数等不同设置方式，对综合评价指标进行分析。最后，将本章所提方法应用于

InWFG 和 InMaOP 基准测试问题，并与三种典型的优化方法做比较，结果表明所提方法具有优越性。

5.2 问题分析

1. 收敛性和多样性的冲突性分析

无论对精确型 MaOEA，还是区间高维多目标进化算法，收敛性和多样性都是需要兼顾的两个重要方面，它们贯穿于算法的整个迭代搜索过程中[104]。最理想的状态下，我们希望进化种群能够在迭代搜索过程中保持良好的多样性，同时能够快速向真实的 Pareto 最优前沿逼近。遗憾的是，这种情况几乎不可能在高维多目标优化问题中实现。通常来讲，如果一种算法在进化早期单方面侧重提高收敛性，在函数的一致收敛性原则下，该算法可能陷入局部最优，获得的最优解集中也可能存在诸多相同解，即多样性不足。反之，若一种算法过分追求多样性提升，则会导致算法搜索效率的降低，从而减弱了收敛性。

目前，在确定性多目标进化算法中，基于分解的多目标进化算法[105,106]与基于评价指标的多目标进化算法[107]是平衡算法收敛性和多样性的有效方法。前者借助目标空间中的一些均匀分布的权值向量，将原本的多目标优化问题分解成一组子问题，该类算法因具有特殊的降维分解机制，能够同时解决多目标/高维多目标优化问题，在进化过程中保证了收敛性，同时维护了多样性。然而，在传统的基于分解的多目标进化算法中，由于权值向量是需要预先设定的，在面对具有复杂 Pareto 最优前沿的多目标优化问题时，权值向量难以覆盖整个 Pareto 最优前沿，从而对多样性的维护产生了负面影响。基于评价指标的高维多目标进化算法以各种性能评价指标替代 Pareto 支配关系，如 HV 指标、IGD 指标、R2 指标和 Δp 指标等，通过比较这些指标值的大小来衡量解的优劣，从而在种群中选择出最优解集。该类算法因不需要采用 Pareto 支配排序，避免了非支配排序在高维目标空间中的选择压力不足问题。对于不同的评价指标，算法在收敛性和多样性上的侧重也大不相同。

然而，对于本书研究的含区间参数的高维多目标优化问题而言，该类型的指标无法直接应用于问题的求解。从 2.4 节可以看出，现阶段对于区间高维多目标进化算法综合性能的评价，是以确定性进化算法的指标中值来衡量的。因此，依据算法的收敛性和多样性，在进化过程中设计一个适合评价区间进化算法的性能指标是非常必要的。

此外，在区间高维多目标进化算法中，除了收敛性与多样性，区间不确定性也是其独特的性质之一。从第 1 章可以知道，在精确型多目标优化问题中融入区间分析的相关理论，会使进化算法在优化过程中变得越来越复杂，主要体现在：大量区间运算导致优化问题的目标函数值以区间数取代之前的实数，那么在进化过程中，该如何考虑区间不确定性对个体收敛性和种群多样性的影响，从而为优化问题找到一组尽可能靠近最优 Pareto 最优前沿，且在目标空间均匀分布的近似解是我们需要考虑的问题。

2．现有的综合评价指标分析

经过前面的分析，为了充分搜索目标空间，找到区间高维多目标优化问题的最优解集，我们需要考虑区间不确定性、收敛性及多样性三个性质，设计一个合理且高效的综合评价指标在进化过程中对搜索方向、搜索目标进行衡量，从而为算法提供反馈控制的作用。尽管目前还没有一个合适的区间高维多目标进化算法的性能评价指标，但是为了平衡算法的收敛性和多样性，研究者相继提出了许多综合性能评价指标来衡量确定性高维多目标进化算法的性能绩效[108]。下面我们对现存的精确型综合评价指标进行分析，为区间型综合评价指标的设计提供思路，表 5-1 列出了常见的综合评价指标。

从表 5-1 可以发现，大多数综合评价指标均利用参考点来保证解集的多样性，而收敛性的评估主要包括两种方式，即基于距离度量的准则和基于体积度量的准则。前者通过测量参考集与近似解之间的距离评估解集的收敛性，计算简单有效，可以综合评估求解过程的收敛性和多样性。IGD、IGD$^+$、IGD-NS 这三个评价指标在一定程度上可以同时用来度量收敛性和多样性，但它们需要通过构建类似 Pareto 最优前沿的子集来辅助，而在实际问题中，近似 Pareto 最优前沿的子集构建往往是十分困难的，在很多情况下真实 Pareto 最优前沿也是未知的，这导致使用该指标的算法在适应度值的求解方面存在一定的缺陷。基于体积度量的超体积（HV）在计算值时不需要获取真实的 Pareto 最优前沿，其对 Pareto 最优前沿比较友好。

但是，由于计算复杂度随着目标数量的增加呈指数增长，当超过 6 个目标时就很难在有效的时间内得到合理的结果，即 HV 指标的计算过程非常耗时，它们无法很好地应用在 MaOP 中。与 HV 指标相比，R2 指标在是弱 Pareto 指标，其计算成本较低，但 R2 指标在很大程度上取决于权重向量和效益函数，一个分布良好的权重向量和合适的效益函数的获取也是需要花费代价的。

表 5–1　常见的综合评价指标

评价指标	公　式	描　述
反世代距离（IGD）[109]	$\mathrm{IGD}(P,S)=\dfrac{\sqrt{\sum_{i=1}^{P}d_i^2}}{\lvert P\rvert}$	通过计算每个参考点到解集中距离最近的解的平均欧氏距离衡量算法性能
改进的世代距离（IGD^+）[110,111]	$\mathrm{IGD}^+(P,S)=\dfrac{\sqrt{\sum_{i=1}^{P}(d_i^+)^2}}{\lvert P\rvert}$ $d_i^+=\max\limits_{x\in S}\{x_j-p_j^i\}$ $p^i\in P, j\in\{1,2,\cdots,D\}$	在计算参考点到解集中距离最近的解的平均欧氏距离时，引入两者之间的支配关系
检测非贡献解的世代距离（IGD-NS）[112,113]	$\text{IGD-NS}(P,S)=d_1+d_2$ $d_1=\sum\limits_{p\in P}\min\limits_{x\in S}d(p,x)$ $d_2=\sum\limits_{x\in S'}\min\limits_{p\in P}d(x,p)$	通过判断参考点与解集中的每个解的近似程度衡量算法性能
超体积（HV）指标[114]	$\mathrm{HV}(S,z^{\mathrm{ref}})=\mathrm{volume}\left(\bigcup_{i=1}^{\lvert S\rvert}c^i\right)$ $\mathrm{HV}(S,z^{\mathrm{ref}})=\wedge(\bigcup_{x^*\in \mathrm{PS}}\{x\mid x^*\succ x\succ z^{\mathrm{ref}}\})$	衡量个体支配空间，即计算某一非支配个体与参考点 z^{ref} 作为对角线构成的超立方体的体积
R2 指标[115]	$R_2(S_1,S_2)=\int\limits_{u\in U}(u^*(S_1)-u^*(S_2))p(u)\mathrm{d}u$	衡量解集 S_1 优于解集 S_2 的预期程度

传统的基于评价指标的多目标进化算法虽然在一定程度上平衡了个体的收敛性和种群的多样性，但该类算法固定了收敛性和多样性在评价个体优劣时的权重，其对进化过程中个体的引导是确定的。实际上，在迭代搜索过程中，面对随时变化的种群信息、环境信息，各性能的侧重是需要动态更新的。对于本书研究的区间多目标优化问题而言，我们需要在此基础上考虑两个问题。

（1）对于目标函数值是区间数的高维多目标进化算法，能否借鉴现有的精确性综合评价指标，找到一个合适的度量方式来衡量收敛性、多样性及不确定性。

（2）如何构造一个自适应的评价指标，使其在进化的不同阶段依据种群信息、环境信息动态引导最优解选择，从而提高算法的搜索效率。

5.3 IMaOEA-CEI 描述

经过 5.2 节收敛性和多样性的冲突性和现有的综合评价指标的比较分析，本节详细地描述了提出的 IMaOEA-CEI。首先，5.3.1 节给出了综合评价指标的相关定义，并分别对收敛性度量、空间密度度量和不确定性度量做出了详细的解释。然后，为了了解三种度量方式的权重在进化过程中对综合评价指标的影响，5.3.2 节给出了 α、β、γ 参数的四种设置方式，即静态参数、随机参数、动态参数和自适应参数。在 5.3.3 节中描述 IMaOEA-CEI 的框架。最后，在 5.3.4 节讨论了 IMaOEA-CEI 的时间复杂度。

5.3.1 综合评价指标

本节提出了一个综合评价指标，作为个体优劣评判的指标在算法进化过程中起决定性作用。该指标将最优解搜索过程中需要考虑的三个因素（收敛性度量、空间密度度量及不确定性度量）动态地结合起来，以增强算法的选择压力，加速寻优。在一个含区间参数的高维多目标优化问题中，设区间高维多目标进化算法在第 t 代的种群为 $X=\{x_1,x_2,\cdots,x_N\}$，且个体 $x\in X$ 在第 i 维目标上的函数值为 $f_i(x,\boldsymbol{u})=[\underline{f_i}(x,\boldsymbol{u}),\overline{f_i}(x,\boldsymbol{u})](i=1,2,\cdots,m)$，对于每个个体，其对应的综合评价指标计算公式如下：

$$\mathrm{AEF}(x_i,X)=\alpha\times\mathrm{Cv}(x_i,X)+\beta\times\mathrm{Dv}(x_i,X)+\gamma\times I(x_i,X) \tag{5.1}$$

其中，$\mathrm{Cv}(x_i,X)$ 表示种群 X 中个体 x_i 的收敛性度量，$\mathrm{Dv}(x_i,X)$ 和 $I(x_i,X)$ 分别表示个体的空间密度度量和不确定性度量。α、β 和 γ 分别表示收敛性度量、空间密度度量及不确定性度量在种群进化过程中的权重因子。这些权重因子会在迭代搜索过程中自适应地调整三种度量函数的权重。下面将介绍三个性能度量准则。

1．收敛性度量

进化种群在迭代搜索过程中，通过控制个体的收敛性促使最优解集向收敛方向逐渐靠近。在第 3 章中，个体的收敛性是通过区间 Pareto 支配关系来衡量的，其支配等级越高，表明个体收敛性越好。但是，算法迭代到某个阶段，在高维目标空间的群体中互不支配的个体所占的比例逐渐增大，甚至全部是非支配个体。尽管第 3 章采用柔性区间 Pareto 支配缓解选择压力，但还是无法消除这方面的影响。在第 4 章中，我们将个体与理想超平面的靠近程度作为收敛性的评判准则，但其引入了采样技术，在一定程度上影响了收敛性的评判准确性。因此，本章提出一个新的收敛性度量，以增强互不支配的个体的区分能力。

对于问题(2.1)，区间高维多目标进化算法在第 t 代的种群为 $X=\{x_1,x_2,\cdots,x_N\}$，且个体 $\boldsymbol{x}\in X$ 在第 i 维目标上的函数值为 $f_i(\boldsymbol{x},\boldsymbol{u})=[\underline{f_i}(\boldsymbol{x},\boldsymbol{u}),\overline{f_i}(\boldsymbol{x},\boldsymbol{u})](i=1,2,\cdots,m)$，该种群 X 中的虚拟最优解定义如下，

$$
\begin{aligned}
&\mathrm{vs}_X=[[\underline{\mathrm{vs}_1},\overline{\mathrm{vs}_1}],[\underline{\mathrm{vs}_2},\overline{\mathrm{vs}_2}],\cdots,[\underline{\mathrm{vs}_m},\overline{\mathrm{vs}_m}]]\\
&\underline{\mathrm{vs}_i}=\min_{x\in X}\{\underline{f_i}(\boldsymbol{x},\boldsymbol{u})\},i=1,2,\cdots,m\\
&\overline{\mathrm{vs}_i}=\min_{x\in X}\{\overline{f_i}(\boldsymbol{x},\boldsymbol{u})\},i=1,2,\cdots,m
\end{aligned}
\tag{5.2}
$$

其中，vs_X 的每个目标维度对应种群 X 中相应目标维度上的最优值。上述虚拟最优解不是真实存在于种群 X 中的，而是虚拟设置的。但是，无论种群 X 中的个体间是否存在支配关系，该虚拟最优解总是支配整个种群。

基于上述虚拟最优解，本节给出了一种新的个体收敛性度量标准，其依据个体与该虚拟最优解之间的关系衡量收敛性。

设区间高维多目标进化算法在第 t 代的种群为 $X=\{x_1,x_2,\cdots,x_N\}$，且个体 $x\in X$ 在第 i 维目标上的函数值为 $f_i(\boldsymbol{x},\boldsymbol{u})=[\underline{f_i}(\boldsymbol{x},\boldsymbol{u}),\overline{f_i}(\boldsymbol{x},\boldsymbol{u})](i=1,2,\cdots,m)$，则该个体的收敛性度量计算公式如下：

$$
\mathrm{Cv}(\boldsymbol{x})=\sqrt{d\left(f_p(\mathrm{vs}_X,\boldsymbol{u}),f_p(\boldsymbol{x},\boldsymbol{u})\right)}
\tag{5.3}
$$

式中，个体 $\boldsymbol{x}\in X$ 的收敛性度量基于虚拟最优解与该个体的区间距离，详细的距离计算见公式（3.8）。更小的收敛性度量值意味着个体与虚拟最优解之间的区间距离较小，则个体收敛性更好，反之亦然。

2．空间密度度量

在高维多目标优化问题中，算法的多样性表示解集在空间尽可能均匀分布。维持算法多样性需要考虑两个层面[116]。一是目标空间的多样性，即尽可能保证搜索到的解集能够在最优 Pareto 最优前沿均匀分布，从而在加速算法收敛的同时，促使获得的最优解集具有代表性，进一步为决策者提供更多的偏好解。二是搜索

空间的多样性，即使面对未知的环境信息，也能在搜索空间中扩大最优解的搜索范围。如果一种算法在迭代过程中保持搜索空间的多样性，则在一定程度上能够避免算法陷入局部最优，且对于高质量解的搜索也有很大帮助。但是，大部分高维多目标进化算法忽略了搜索空间的多样性，在进化阶段没有充分探索搜索空间。为此，定义一个兼顾搜索空间多样性和目标空间多样性的空间密度度量准则，以在进化过程中增强算法的整体多样性性能。

本书考虑的含区间参数的高维多目标优化问题中，个体在搜索空间为点值。我们预先定义一个分区参数 d ，将每个维度等分为 d 份，进而将整个搜索空间划分成 d 个子空间。此时，个体在搜索空间的密度定义为该个体所处子空间中的个体数量在种群中的比例，即

$$D_{\mathrm{s}}(\boldsymbol{x})=J_d/N \tag{5.4}$$

其中， J_d 为子空间中的个体数量； N 为种群规模。

对于目标空间多样性而言，由于个体表现为一个个超体，故不能采用与搜索空间相似的密度计算方法。为此，本节通过区间目标的相似性函数，拓展出个体在目标空间的多样性度量，具体内容如下。

给定一个区间高维多目标优化问题，算法运行在第 t 代时，假设种群为 $X=\{x_1,x_2,\cdots,x_N\}$ ，其中 N 表示种群规模。个体 x_i 和个体 x_j 的相似度定义如下：

$$\mathrm{sp}(x_i,x_j)=\frac{1}{1+\sum\limits_{p=1}^{m}\mathrm{e}^{-\mathrm{gl}}\sqrt{\left(\underline{f_p}(x_i,\boldsymbol{u})-\underline{f_p}(x_j,\boldsymbol{u})\right)^2+\left(\overline{f_p}(x_i,\boldsymbol{u})-\overline{f_p}(x_j,\boldsymbol{u})\right)^2}} \tag{5.5}$$

$$\mathrm{gl}=\frac{2\max\left\{0,\min\left\{\overline{f_p}(x_i,\boldsymbol{u})-\underline{f_p}(x_j,\boldsymbol{u}),\overline{f_p}(x_j,\boldsymbol{u})-\underline{f_p}(x_i,\boldsymbol{u}),w\left(f_p(x_i,\boldsymbol{u})\right),w\left(f_p(x_j,\boldsymbol{u})\right)\right\}\right\}}{w\left(f_p(x_i,\boldsymbol{u})\right)+w\left(f_p(x_j,\boldsymbol{u})\right)} \tag{5.6}$$

式中， $\boldsymbol{u}$ 为区间向量， m 为目标数量， $\underline{f_p}(x_i,\boldsymbol{u})$ 和 $\overline{f_p}(x_i,\boldsymbol{u})$ 分别表示个体 x_i 的第 p 个区间目标函数的下限和上限， $w\left(f_p(x_i,\boldsymbol{u})\right)$ 则表示个体 x_i 的第 p 个区间目标函数值的宽度； $\mathrm{sp}(x_i,x_j)$ 表示个体 x_i 和个体 x_j 的相似度，也称为区间重叠程度。显然，相似度越小，个体间的拥挤程度越小，即多样性越好。

给定一个区间高维多目标优化问题，算法运行在第 t 代时，假设种群为 $X=\{x_1,x_2,\cdots,x_N\}$ ，其中 N 表示种群规模。个体 x_i 的多样性度量计算公式如下：

$$D_o(x_i)=\frac{\sum_{j=1}^{N}\mathrm{sp}(x_i,x_j)}{N-1},\quad i\neq j;x_i,x_j\in X \tag{5.7}$$

基于上述搜索空间多样性和目标空间多样性的度量准则，个体的整体空间密度计算公式如下：

$$\mathrm{Dv}(\boldsymbol{x})=D_o(\boldsymbol{x})\cdot D_s(\boldsymbol{x}),\boldsymbol{x}\in X \tag{5.8}$$

显然，个体 x_i 与种群 X 中所有个体的平均相似度越小，表明其多样性越好。个体 $\boldsymbol{x}$ 所处的搜索子空间的解的数量越少，且个体与当前种群中其他个体的相似度越小，则其多样性越高。

3．不确定性度量

在区间参数多目标优化问题中，个体的不确定性体现在目标函数的区间大小。与其他算法相同，本章也采用个体的目标超体体积来表示不确定度，即

$$I(\boldsymbol{x})=\frac{V(x_i)}{\sum_{i=1}^{N}V(x_i)} \tag{5.9}$$

$$V(x_i)=\prod_{q=1}^{m}(\overline{f_q}(x_i)-\underline{f_q}(x_i)) \tag{5.10}$$

其中，$V(x_i)$ 表示个体 x_i 的目标超体体积。一个个体的目标超体体积越大，表明获得该个体的真实目标值的概率越小，则不确定性越大，反之亦然。

5.3.2 α、β、γ 参数设置

在 IMaOEA-CEI 中，利用上述综合评价指标进行选择，能够加速算法找到近似 Pareto 最优前沿的解。容易看出，在性能平衡函数 AFE 中，参数 λ、β 和 γ 极大地影响了最优解的评估。实际上，λ、β 和 γ 作为三个权重因子，它们的取值直接影响了收敛性度量值、空间密度度量值及不确定性度量值，进而影响个体的综合评价指标值。因此，本节依据进化种群在目标空间的信息，分别对 λ、β、和 γ 设置静态参数、随机参数、动态参数及自适应参数。

如图 5-1 所示，蓝色的粗弧线表示真实的 Pareto 最优前沿，灰色的矩形表示目标空间中的种群个体。根据种群中个体距离虚拟最优解的远近和个体拥挤程度，

将目标空间中的种群划分为四个区域：距离较近区域、拥挤区域、距离较远区域和稀疏区域。依据以上四个区域的划分，我们进行参数设计分析。

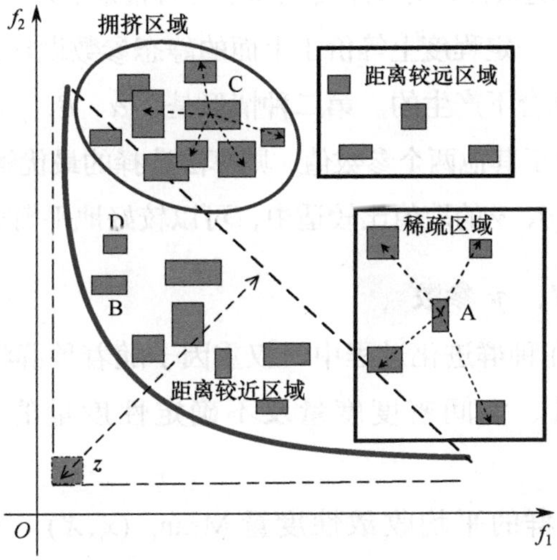

图 5-1　个体在目标空间中的分布（本图彩色版见本书彩插）

1. 静态 α、β、γ 参数

在图 5-1 中，个体 A 很好地靠近了真实 Pareto 最优前沿，但其距离虚拟最优解较远，并且位于个体稀疏区域，这表明个体 A 具有较高的多样性，但收敛性不高、整体性能较好。个体 B 不仅靠近真实 Pareto 最优前沿，而且处于距离虚拟最优解较近的区域，其在收敛性方面具有较大优势。但是，在个体 B 附近的个体相对拥挤，其在多样性方面稍微逊色一些。与个体 A 相比，个体 C 的收敛性较差。与个体 B 相比，个体 C 的多样性较差。在不确定性方面，个体 C 比个体 D 更靠近真实 Pareto 最优前沿，但个体 D 的不确定性比个体 C 要小。在稀疏区域、拥挤区域、与虚拟最优解距离较远区域，均有类似的情况。可以发现，从不同的角度衡量，个体在某一方面总会有较大的优势，为公平起见，将参数 α、β、γ 设置为静态参数，即无论哪个个体，其收敛性度量、空间密度度量、不确定性度量的权重因子保持一致，令 $\alpha=1/3$，$\beta=1/3$，$\gamma=1/3$。

2. 随机 α、β、γ 参数

在进化算法中，其个体的产生是具有随机性的。对于种群中个体的选择，为

使得收敛性度量、空间密度度量及不确定性度量的影响具有随机性，通过随机函数来定义参数 α、β、γ，但保证取值范围均在$[0,1]$上。如果对这三个参数不进行任何约束，即具有完全随机性，则可能发生以下三种情形。第一种情形是，α、β、γ 的取值相差不大，在一定程度上等价于上面的静态参数设计，则最终选择的解是在三种性能等概率融合下产生的。第二种情形是，α、β、γ 的取值中，某个参数值（假设为α）远大于其他两个参数值，则算法选择的最优解具有较好的收敛性；第三种情形是，α、β、γ 的取值比较适中，可以较好地平衡算法的整体性能。

3．动态 α、β、γ 参数

动态参数是指在种群进化过程中，权重因子随着种群状态信息动态变化，即依据收敛性度量、空间密度度量及不确定性度量的变化来动态地调整 α、β、γ 的取值。

首先，计算种群的平均收敛性度量 $\mathrm{Mean}_{\mathrm{Cv}}(x_i,X)$ 、平均空间密度度量 $\mathrm{Mean}_{\mathrm{Dv}}(x_i,X)$ 及平均不确定性度量 $\mathrm{Mean}_I(x_i,X)$ ，公式如下：

$$\mathrm{Mean}_{\mathrm{Cv}}(x_i,X)=\sum_{i=1}^{N}\mathrm{Cv}(x_i,X)/N \tag{5.11}$$

$$\mathrm{Mean}_{\mathrm{Dv}}(x_i,X)=\sum_{i=1}^{N}\mathrm{Dv}(x_i,X)/N \tag{5.12}$$

$$\mathrm{Mean}_I(x_i,X)=\sum_{i=1}^{N}I(x_i,X)/N \tag{5.13}$$

其中，参数α、β、γ 初始值设置为 1，通过评估个体的性能度量值与种群的平均性能度量值之间的差距，动态调整α、β、γ 参数值的设置。对于个体 x_i ，具体的调整方式如下。

依据 $\mathrm{Mean}_{\mathrm{Cv}}$ 、$\mathrm{Mean}_{\mathrm{Dv}}$ 和 Mean_I 将种群进行进一步区域划分，如图 5-2 所示。在类型 1 区域内的个体表现为：$\mathrm{Cv}(x_i,X)<\mathrm{Mean}_{\mathrm{Cv}}$ ，$\mathrm{Dv}(x_i,X)<\mathrm{Mean}_{\mathrm{Dv}}$ 且 $I(x_i,X)<\mathrm{Mean}_I$ 。个体靠近真实 Pareto 最优前沿，距离虚拟最优解较近且不确定性较小，将参数α 和参数γ 均设置为 1，即对收敛性度量和不确定性度量不进行惩罚；但是该区域内，个体之间较拥挤，将参数β 设置为[0.6,0.9]范围内的随机数，以达到惩罚其多样性度量的目的。对于类型 2 区域的个体，其满足：$\mathrm{Cv}(x_i,X)<\mathrm{Mean}_{\mathrm{Cv}}$，$\mathrm{Dv}(x_i,X)\geqslant\mathrm{Mean}_{\mathrm{Dv}}$ 且 $I(x_i,X)<\mathrm{Mean}_I$ 。与类型 1 区域内的

个体相比，该区域内的个体收敛性较好，拥挤程度也较小，且不确定性较小，则参数 α、β、γ 均设置为 1。在类型 3 区域内的个体，它们表现为 $\mathrm{Cv}(x_i,X)<\mathrm{Mean}_{\mathrm{Cv}}$，$\mathrm{Dv}(x_i,X)\geqslant\mathrm{Mean}_{\mathrm{Dv}}$ 且 $I(x_i,X)\geqslant\mathrm{Mean}_I$，虽然靠近真实 Pareto 最优前沿，但处于极值解附近，适当地对收敛性进行惩罚，将参数 α 设置为 $[0.9,1]$ 上的随机数，而参数 β 仍被设置为 1。此外，该区域内的个体不确定性较大，将参数 γ 设置为 $[0.5,0.8]$ 上的随机数，进行惩罚。类型 4 区域的个体通常远离虚拟最优解，仅有极少数的边界解靠近真实 Pareto 最优前沿。但因它们极大可能在进化过程中逐渐靠近虚拟最优解，需要被过多地奖励，即将参数 α、β 设置为 1。而对于类型 5 区域的个体而言，它们在收敛性和多样性方面均不占据优势，通常逊于其他区域的个体，将 α、β、γ 的值均设置为 $[0.2,0.5]$ 上的随机数，用来随机选择一些解。

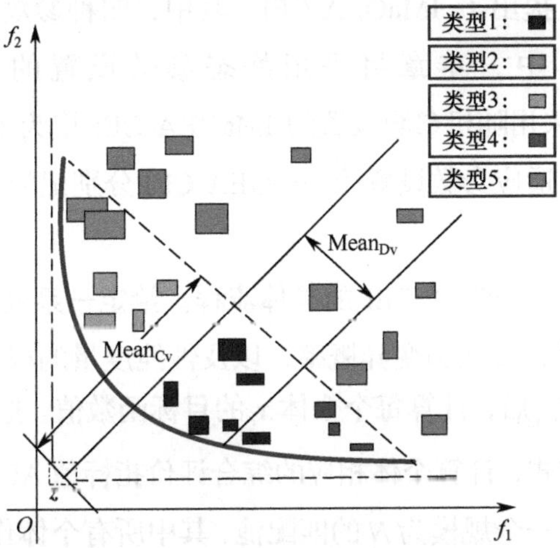

图 5-2　个体在目标空间中划分的 5 种类型（本图彩色版见本书彩插）

4. 自适应 α、β、γ 参数

自适应参数的设计思想是在性能平衡函数中，考虑算法迭代次数的影响，对收敛性度量、空间密度度量及不确定性度量的权重因子进行调整。一般而言，进化算法在实际运行求解过程中，进化早期应该注重算法收敛性提高，以准确快速地定位到最优搜索区域，使得最优解能够快速向 Pareto 最优前沿移动；而在进化后期，绝大多数解处于距离 Pareto 最优前沿较近的位置，此时应注重解集的多样性提高，以为决策者提供更多的解决方案。不确定性在算法的整个阶段都需要考

虑，我们希望获得的最优解集的不确定性尽可能小。为此，参数α和参数γ按照动态参数方式设置，而参数β设置为$\beta=1+M\cdot\left(\frac{t}{T}\right)^{\sigma}$，其中，$M$为目标个数，$t$和$T$分别代表当前代数和算法的最大迭代次数。自适应性能平衡函数更新方式如下：

$$\mathrm{AEF}(x_i,X)=(1-\alpha\times\mathrm{Cv}(x_i,X))+\left[1+M\left(\frac{t}{T}\right)^{\sigma}\times\mathrm{Dv}(x_i,X)\right]+\gamma\times I(x_i,X) \quad (5.14)$$

5.3.3 IMaOEA-CEI 的框架

本章将 5.3.1 节提出的综合评价指标用于最优解选择，并结合 5.3.2 节提及的综合评价指标的参数设置方式，即静态参数设置、随机参数设置、动态参数设置及自适应参数设置，提出了 IMaOEA-CEI。其中，四种参数设置方式不会同时存在于 IMaOEA-CEI 中，本章将采用静态参数设置的 IMaOEA-CEI 记为 IMaOEA-CEI-WS，采用随机参数设置的 IMaOEA-CEI 记为 IMaOEA-CEI-RS，采用动态参数设置和自适应参数设置的 IMaOEA-CEI 分别记为 IMaOEA- CEI-DC 和 IMaOEA-CEI-AD。

算法 5.1 给出了 IMaOEA-CEI 的具体流程。给定一系列相关参数，包括最大迭代次数、种群规模、交叉和变异概率，以及性能度量的权重因子。首先，在随机初始化进化种群$X_{(t)}$后，计算每个个体x_i的目标函数值。遍历种群$X_{(t)}$，通过选择的权重因子设置方式，计算个体相应的综合评价指标值$\mathrm{AEF}(x_i)$。然后，通过双准则锦标赛方式产生一个规模为N的匹配池，其中所有个体作为遗传操作的父代。具体地，随机从$X_{(t)}$中挑选两个个体，通过第 3 章的柔性区间 Pareto 支配准则判定两者的支配关系，非支配的个体被添加至匹配池 MP 中。当两个个体互不支配时，将 AEF 函数值较小的个体添加到匹配池 MP 中。接着，对 MP 中的所有个体进行交叉、变异操作后，生成规模为N的子代种群$Q_{(t)}$。合并$X_{(t)}$和$Q_{(t)}$为$X'_{(t)}$，比较$X'_{(t)}$中所有个体的 AEF 函数值，将较小的N个个体构成下一代种群。重复上述操作，直到算法达到最大迭代次数，算法结束。

算法 5.1 IMaOEA-CEI 框架

输入：算法参数：最大迭代次数T，种群规模N，交叉概率p_c，变异概率p_m；收敛性度量权重α，空间密度度量权重β，不确定性度量权重γ；

输出: Pareto 最优解集

随机初始化种群 $X_{(t)}=\{x_1,x_2,\cdots,x_N\}$ ，$t=0$，初始化一个匹配池 MP，规模为 N;
While $t<T$ **do**
  For each x_i **in** $X_{(t)}$ **do**
    $\mathrm{AEF_{WS}}(x_i)$ =平均加权性能平衡函数(α,β,γ);
    $\mathrm{AEF_{RS}}(x_i)$ =随机性能平衡函数(α,β,γ);
    $\mathrm{AEF_{DC}}(x_i)$ =动态性能平衡函数(α,β,γ);
    $\mathrm{AEF_{AD}}(x_i)$ =自适应性能平衡函数(α,β,γ);
  End For
  For $i=1$ to N
    在种群 $X_{(t)}$ 中随机选择个体 x_i 和 x_j ;
    If $x_i \prec_{\text{interval}} x_j$
      将个体 x_i 添加到匹配池 MP;
    Else If $x_j \prec_{\text{interval}} x_i$
      将个体 x_j 添加到匹配池 MP;
    Else
      If $\mathrm{AEF}(x_i)<\mathrm{AEF}(x_j)$
        将个体 x_i 添加到匹配池 MP;
      Else If $\mathrm{AEF}(x_j)<\mathrm{AEF}(x_i)$
        将个体 x_j 添加到匹配池 MP;
      End If
    End If
  End For
  $Q_{(t)}$ =模拟二进制交叉算子(MP);
  $Q_{(t)}$ =多项式变异算子($Q_{(t)}$);
  $X'_{(t)}=X_{(t)}\cup Q_{(t)}$;
  $X'_{(t)}$ = 排序（$X'_{(t)}$ $\mathrm{AEF_{WS}}(x_i)$，“Descend”）;
  $t \longleftarrow t+1$
  $X'_{(t+1)} \longleftarrow X'_{(t)}[1:N,:]$;　%选择 $X'_{(t)}$ 的前 N 个个体
End While

5.3.4 时间复杂度分析

在算法 5.1 中，计算 N 个个体的 M 个目标函数的时间复杂度，为 $O(NM)$ ，计算个体的性能平衡函数需要获取其收敛性度量、空间密度度量和不确定性度量，其时间复杂度分别为$O(N)$、$O(N^2)$和$O(NM)$。接着，对匹配池中的$2N$个个体进行交叉、变异操作的时间复杂度均为$O\left(M(2N)^2\right)$。在最坏情况下，通过双准则锦标赛构造匹配池，需要两步操作：判定个体间的支配关系和对性能平衡函数值进行排序，其时间复杂度分别为$O(N\log^{M-2}N)$、$O(N\log 2N)$，其中对数函数的底数是大于1的常数，后同。综上所述，IMaOEA-CEI的时间复杂度为$O(MN^2)$。

5.4 仿真实验

5.4.1 相关参数设置

本章实验性能评价指标及对比算法的设置与第3、4章相同，因此参照第3、4章参数进行相应设置，这里不再赘述。

5.4.2 参数设置方式对算法性能的影响分析

表5−2列出了不同目标数的4种参数设置方式在InWFG测试集上获得的IIGD值，最好的结果被突出显示。对于 InWFG 测试问题而言，IMaOEA-CEI-AD 在InWFG1～InWFG9 上的最佳结果数量表现最优，其占据了 38/45 个最优结果。IMaOEA-CEI-DC和IMaOEA-CEI-WS获得最优IIGD值的数量分别为4个和3个。因此，我们可以发现，在这 4 种参数设置形式中，加权求和参数设置可以更好地为 InMaOP 测试问题求得收敛性和多样性俱佳的解，而自适应性能平衡函数更适合求解InWFG测试问题。

表5−2　IMaOEA-CEI的4种参数设置方式在InWFG测试问题上的IIGD结果

测试函数	*M*	IMaOEA-CEI-DC	IMaOEA-CEI-WS	IMaOEA-CEI-RS	IMaOEA-CEI-AD
InWFG1	4	2.5138e+0	4.0690e+0	2.8819e+0	**2.1169e+0**
	6	2.7574e+0	4.2764e+0	3.6776e+0	**2.4497e+0**
	8	3.0687e+0	4.8086e+0	4.5142e+0	**2.7324e+0**
	10	3.1566e+0	3.1856e+0	3.0857e+0	**2.9543e+0**
	15	4.0220e+0	5.5139e+0	5.8444e+0	**3.8046e+0**

（续表）

测试函数	*M*	IMaOEA-CEI-DC	IMaOEA-CEI-WS	IMaOEA-CEI-RS	IMaOEA-CEI-AD
InWFG2	4	**1.3629e+0**	2.3485e+0	2.2700e+0	1.5319e+0
	6	**1.5075e+0**	2.5789e+0	2.3335e+0	1.6796e+0
	8	2.7430e+0	2.7325e+0	2.7871e+0	**2.1447e+0**
	10	3.8422e+0	3.2939e+0	2.7734e+0	**2.5160e+0**
	15	6.6274e+0	5.3304e+0	6.3943e+0	**5.2372e+0**
InWFG3	4	**7.4337e−1**	2.0675e+0	2.5751e+0	1.2338e+0
	6	**1.0059e+0**	1.3980e+0	1.7248e+0	2.0156e+0
	8	1.3424e+0	**7.2382e−1**	9.9468e−1	2.2237e+0
	10	1.3588e+0	**6.7381e−1**	6.9718e−1	1.7868e+0
	15	2.8814e+0	**1.1235e+0**	1.5695e+0	4.7707e+0
InWFG4	4	2.1206e+0	2.8813e+0	2.9763e+0	**1.0138e+0**
	6	3.3970e+0	5.0653e+0	4.7491e+0	**2.3681e+0**
	8	6.1015e+0	7.4046e+0	7.0188e+0	**4.5234e+0**
	10	8.2134e+0	9.0705e+0	8.8842e+0	**6.8226e+0**
	15	1.7123e+1	1.7205e+1	1.7235e+1	**1.4518e+1**
InWFG5	4	1.2327e+0	2.8694e+0	2.8848e+0	**1.1556e+0**
	6	2.8052e+0	4.8333e+0	4.9137e+0	**2.3559e+0**
	8	4.5301e+0	6.8464e+0	6.7167e+0	**4.1837e+0**
	10	6.2981e+0	8.0112e+0	8.0788e+0	**5.6996e+0**
	15	1.3665e+1	1.5968e+1	1.6170e+1	**1.2034e+1**
InWFG6	4	1.3368e+0	3.0767e+0	3.2728e+0	**1.3323e+0**
	6	2.8694e+0	4.9872e+0	4.7530e+0	**2.6370e+0**
	8	4.9071e+0	6.8139e+0	6.9069e+0	**4.2888e+0**
	10	6.5030e+0	8.2369e+0	7.9580e+0	**5.9359e+0**
	15	1.4516e+1	1.5874e+1	1.6501e+1	**1.2392e+1**
InWFG7	4	1.8479e+0	2.8752e+0	2.7743e+0	**1.1667e+0**
	6	2.9335e+0	4.5140e+0	4.9162e+0	**2.4580e+0**
	8	5.2168e+0	6.6809e+0	6.7645e+0	**4.1537e+0**
	10	6.9458e+0	8.1418e+0	8.3492e+0	**6.2575e+0**
	15	1.5335e+1	1.6138e+1	1.5696e+1	**1.3277e+1**
InWFG8	4	1.5536e+0	2.9929e+0	3.1250e+0	**1.5297e+0**
	6	3.0859e+0	4.9307e+0	5.1354e+0	**2.8663e+0**
	8	5.1980e+0	6.8504e+0	6.9921e+0	**4.6360e+0**
	10	6.9997e+0	8.7914e+0	8.8343e+0	**6.2076e+0**
	15	1.4907e+1	1.7354e+1	1.7410e+1	**1.2867e+1**

（续表）

测试函数	M	IMaOEA-CEI-DC	IMaOEA-CEI-WS	IMaOEA-CEI-RS	IMaOEA-CEI-AD
InWFG9	4	1.6858e+0	2.9090e+0	2.9345e+0	**1.2976e+0**
	6	3.0076e+0	4.5916e+0	4.8233e+0	**2.6730e+0**
	8	5.2128e+0	6.9763e+0	6.8046e+0	**4.4038e+0**
	10	6.9424e+0	8.5617e+0	8.5341e+0	**6.2745e+0**
	15	1.4536e+1	1.6734e+1	1.6419e+1	**1.2948e+1**
+/−/=		4/45	3/45	0/45	38/45

5.4.3 算法在 InWFG 测试问题上的性能比较

表5−3给出了IMaOEA-CEI-AD与其他算法在不同InWFG测试问题上的IIGD结果。InWFG4～InWFG9 虽然具有相同特性的 Pareto 最优前沿，但具有不同的决策空间，InWFG4 和 InWFG5 分别具有多模态和欺骗性，InWFG7 具有可分离性和单模性，在 4、6、8、10、15 个目标的情况下，IMaOEA-CEI-AD 都表现最佳；LLPDIMOGA 在 4 个目标的 InWFG7 上的 IIGD 值与 IMaOEA-CEI-AD 近似相等。InWFG6 和 InWFG8、InWFG89 具有不可分离性。IPMOEA 和 LLPDIMOGA 分别在 4 个目标的 InWFG6 和 InWFG9 测试函数上表现最佳，SPGA 在这 10 个测试函数上均表现最差，而提出的 IMaOEA-CEI-AD 获得了最好的表现。

表 5−3　IMaOEA-CEI-AD 与其他算法在 InWFG 测试问题上的 IIGD 结果

测试函数	M	IPMOEA	SPGA	LLPDIMOGA	IMaOEA-CEI-AD
InWFG4	4	1.3678e+0−	1.6106e+0−	1.5187e+0−	**1.1132e+0**
	6	3.5368e+0−	3.2648e+0−	3.5487e+0−	**2.5841e+0**
	8	6.7091e+0−	5.3125e+0−	6.3799e+0−	**4.3290e+0**
	10	9.3804e+0−	7.4840e+0−	9.1436e+0−	**6.5549e+0**
	15	1.7922e+1−	1.6565e+1−	1.6697e+1−	**1.4370e+1**
InWFG5	4	**1.1002e+0 =**	1.6022e+0−	1.1037e+0 +	1.2276e+0
	6	2.6944e+0−	3.0817e+0−	2.8574e+0−	**2.4593e+0**
	8	4.8638e+0−	5.0152e+0−	5.0670e+0−	**4.1679e+0**
	10	6.5915e+0−	6.2568e+0−	6.7278e+0−	**5.6559e+0**
	15	1.3288e+1−	1.3599e+1−	1.3522e+1−	**1.2195e+1**
InWFG6	4	**1.2134e+0 +**	1.6957e+0−	1.2262e+0 +	1.4369e+0
	6	2.9407e+0−	3.2052e+0−	2.9231e+0−	**2.6885e+0**
	8	5.2964e+0−	5.2781e+0−	5.1032e+0−	**4.3619e+0**

（续表）

测试函数	*M*	IPMOEA	SPGA	LLPDIMOGA	IMaOEA-CEI-AD
InWFG6	10	7.1686e+0−	6.5615e+0−	7.1848e+0−	**5.9968e+0**
	15	1.3727e+1−	1.3492e+1−	1.3843e+1−	**1.2634e+1**
InWFG7	4	1.3530e+0−	1.3381e+0−	1.1957e+0 =	**1.1602e+0**
	6	3.1915e+0−	2.8915e+0−	2.9754e+0−	**2.4233e+0**
	8	5.6835e+0−	4.9662e+0−	5.5581e+0−	**4.3801e+0**
	10	7.7759e+0−	6.4572e+0−	7.6488e+0−	**6.1635e+0**
	15	1.6858e+1−	1.3221e+1−	1.6425e+1−	**1.2689e+1**
InWFG8	4	1.5385e+0 =	1.8370e+0−	**1.4426e+0 =**	1.4506e+0
	6	3.1629e+0−	3.4103e+0−	3.0909e+0−	**2.9334e+0**
	8	5.5316e+0−	5.3931e+0−	5.4018e+0−	**4.5614e+0**
	10	7.4657e+0−	6.6693e+0−	7.5446e+0−	**6.2990e+0**
	15	1.5447e+1−	1.3667e+1−	1.3710e+1−	**1.3054e+1**
InWFG9	4	1.5803e+0−	1.5711e+0−	**1.2558e+0 =**	1.2833e+0
	6	3.2548e+0−	3.0438e+0−	3.0555e+0−	**2.7451e+0**
	8	5.7141e+0−	5.0659e+0−	5.4881e+0−	**4.4554e+0**
	10	7.8926e+0−	6.7617e+0−	7.5625e+0−	**6.1568e+0**
	15	1.6240e+1−	1.3691e+1−	1.6462e+1−	**1.2973e+1**
+/−/=		1/27/2	0/30/0	2/25/3	—
Best/All		2/30	0/30	2/30	26/30

总体上，IMaOEA-CEI-AD 在 30 个测试函数中获得了 26 个最佳结果，而 IPMOEA 和 LLPDIMOGA 在 30 个测试函数中均获得 2 个最佳结果，SPGA 在这些测试函数中没有显示出具有竞争力的性能。由图 5−3 可知，IPMOEA、SPGA 和 LLPDIMOGA 在 InWFG4 上收敛性的表现相差不大，但它们在收敛性方面均劣于 IMaOEA-CEI-AD。其中，对于 8 个目标而言，IMaOEA-CEI-AD 的目标函数值收敛到 12 左右，其他三种算法则收敛到 16 左右。在多样性方面，LLPDIMOGA 中的解分布明显优于 IPMOEA、SPGA 和 IMaOEA-CEI-AD。由图 5−4 可知，4 种算法在多样性和收敛性方面的性能相似。

对于 4 种算法求解 InWFG 测试问题获得解集的不确定性，表 5−4 显示了其 IX 的结果。容易看出，IPMOEA 在 4、6、8、10、15 个目标的 InWFG7 和 InWFG9 上，IX 指标均优于 SPGA、LLPDIMOGA 和 IMaOEA-CEI-AD。除了这两个测试函数，IMaOEA-CEI-AD 在其他测试函数上几乎获得了最好的不确定性。综合来看，在收敛性和多样性方面，IMaOEA-CEI-AD 比 IPMOEA、SPGA 和 LLPDIMOGA 更有效地求解 InWFG 测试集，特别是对 InWFG4～InWFG6 和 InWFG8。

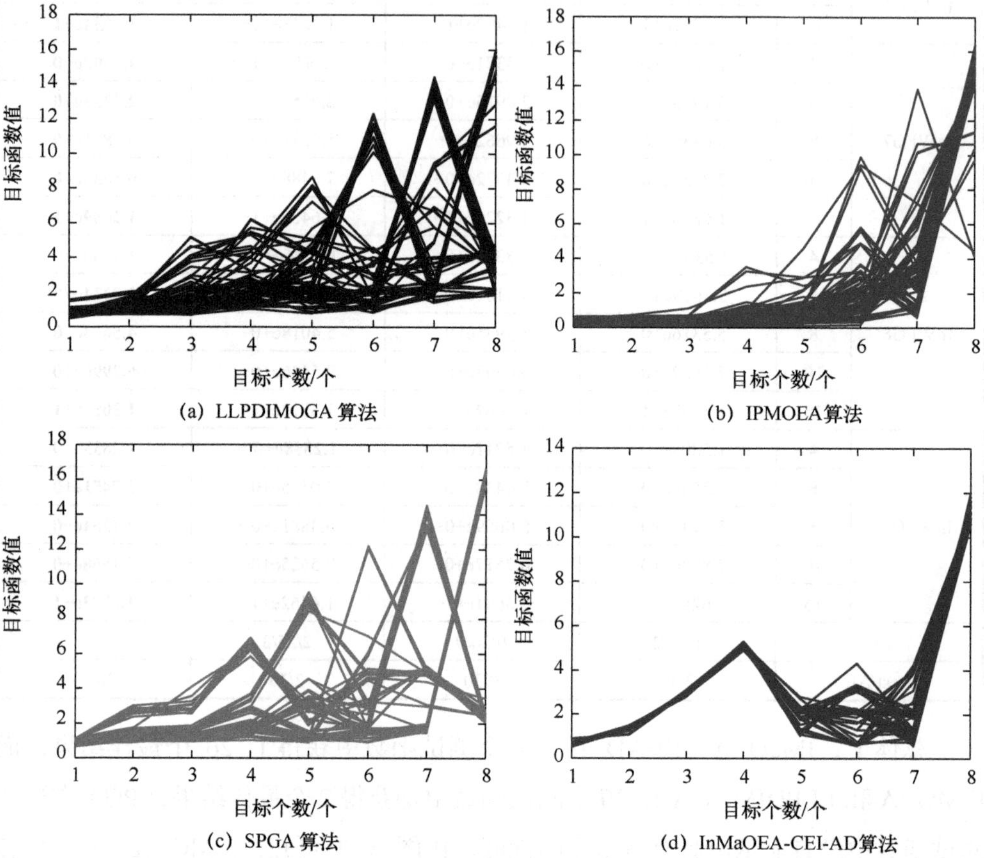

图 5-3　4 种算法在 8 个目标的 InWFG4 上的 Pareto 最优前沿

为了进一步分析表 5-3、表 5-4 的结果，我们在表 5-5 中总结了 4 种算法在 InWFG 测试问题中平均 IIGD 值和 IX 值的排序级别的对应数量，数量越大，表明算法的性能越好。经过 5.3.2 节不同参数设置方式对算法的性能分析，我们得知 IMaOEA-CEI-AD 在 InWFG 测试问题上的求解性能是最好的。如表 5-5 所示，对于 60 个 InWFG 测试函数而言，IPMOEA、LLPDIMOGA、SPGA 和 IMaOEA-CEI-AD 在等级 1 上的频率分别为 11/60、2/60、3/60 和 44/60，这表明 IMaOEA-CEI-AD 更适合求解 InWFG，IPMOEA 仅次于 IMaOEA-CEI-AD。

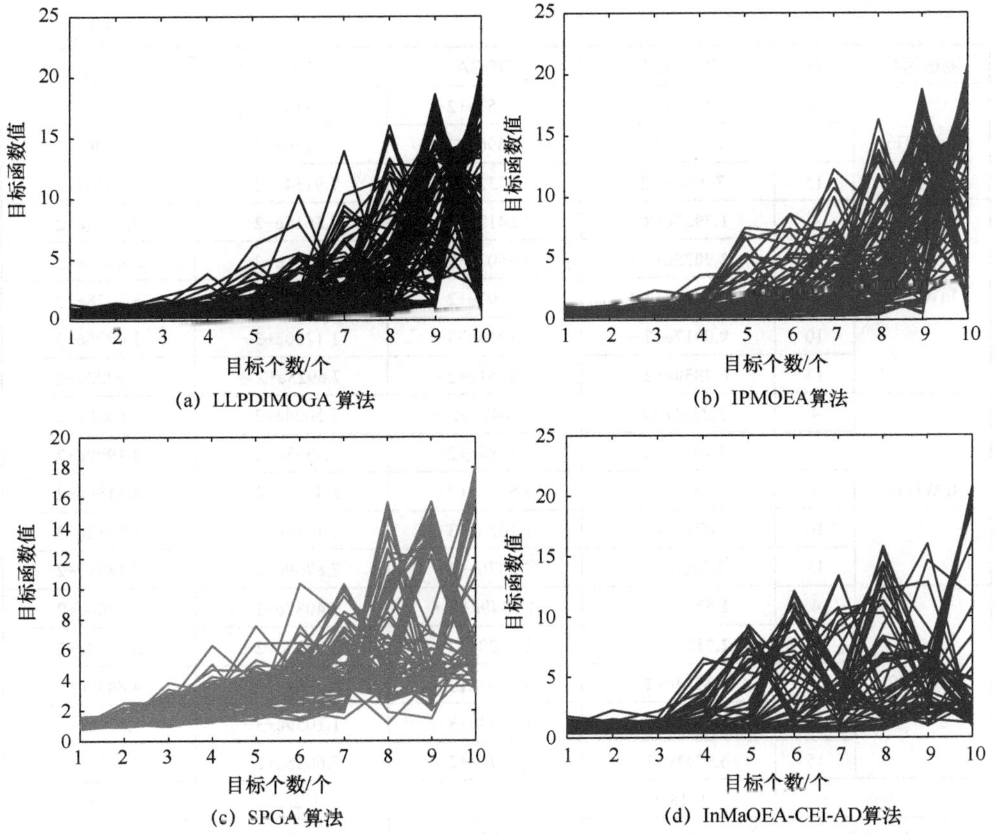

图 5-4 4 种算法在 10 个目标的 InWFG9 上的 Pareto 最优前沿

表 5-4 IMaOEA-CEI-AD 与其他算法在 InWFG 测试问题上的 IX 结果

测试函数	*M*	IPMOEA	SPGA	LLPDIMOGA	IMaOEA-CEI-AD
InWFG4	4	2.5594e+2−	**1.7175e+2+**	2.5704e+2−	2.2177e+2
	6	3.7316e+2−	3.6278e+2−	3.7129e+2−	**3.4309e+2**
	8	5.3553e+2 =	5.4640e+2−	5.3259e+2 =	**5.2879e+2**
	10	1.1179e+3−	1.1426e+3−	1.1138e+3−	**1.0780e+3**
	15	7.8983e+2−	8.0975e+2−	8.0028e+2−	**7.6854e+2**
InWFG5	4	2.5652e+2−	**1.9808e+2 =**	2.5810e+2−	2.0364e+2
	6	3.8269e+2−	3.7851e+2−	3.7793e+2−	**3.6198e+2**
	8	5.5777e+2−	5.5921e+2−	5.5715e+2−	**5.3456e+2**
	10	1.1619e+3−	1.1633e+3−	1.1606e+3−	**1.1210e+3**
	15	7.9550e+2−	7.9101e+2−	7.9455e+2−	**7.7599e+2**
InWFG6	4	2.4890e+2−	1.8183e+2 =	2.5060e+2−	**1.5890e+2**
	6	3.7422e+2−	3.4612e+2 =	3.7277e+2−	**3.2760e+2**

（续表）

测试函数	*M*	IPMOEA	SPGA	LLPDIMOGA	IMaOEA-CEI-AD
InWFG6	8	5.5553e+2−	5.5351e+2−	5.5314e+2−	**4.8516e+2**
	10	1.1329e+3−	1.1696e+3−	1.1286e+3−	**1.0396e+3**
	15	7.9246e+2−	7.9732e+2−	7.9154e+2−	**7.0438e+2**
InWFG7	4	**1.7939e+2** +	2.3412e+2−	2.5615e+2−	2.2149e+2
	6	**2.9025e+2** +	3.8507e+2−	3.7181e+2−	3.4956e+2
	8	**4.4481e+2** +	5.6197e+2−	5.4005e+2−	5.2228e+2
	10	**9.0917e+2** +	1.1713e+3−	1.1280e+3−	1.0875e+3
	15	**6.9850e+2** +	7.9451e+2−	7.6923e+2 =	7.6222e+2
InWFG8	4	2.2216e+2−	1.9047e+2 =	2.5604e+2−	**1.8330e+2**
	6	3.4646e+2−	3.7088e+2−	3.7363e+2−	**3.1990e+2**
	8	5.0872e+2−	5.5813e+2−	5.4978e+2−	**4.8156e+2**
	10	1.0776e+3 =	1.1626e+3−	1.1314e+3−	**1.0513e+3**
	15	7.7404e+2−	7.8876e+2−	7.8769e+2−	**7.1879e+2**
InWFG9	4	**1.5363e+2** +	1.7349e+2 =	2.4087e+2−	1.7704e+2
	6	**2.7137e+2** +	3.7529e+2−	3.6328e+2−	3.1302e+2
	8	**4.3113e+2** +	5.5763e+2−	5.2904e+2−	4.8450e+2
	10	**8.7549e+2** +	1.1634e+3−	1.1059e+3−	1.0386e+3
	15	**6.9711e+2** =	7.9576e+2−	7.6035e+2−	7.3257e+2
+/−/=		9/18/3	1/24/5	0/28/2	—
Best/All		10/30	2/30	0/30	18/30

表 5-5　4 种算法在 InWFG 测试问题中平均 IIGD 值和 IX 值的排序级别的对应数量统计

问　题	算　法	等 级 1	等 级 2	等 级 3	等 级 4
InWFG	IPMOEA	11	21	17	11
	LLPDIMOGA	2	9	20	29
	SPGA	3	15	22	20
	IMaOEA-CEI-AD	44	15	1	0

表 5-6 给出了 IMaOEA-CEI-AD 与其他算法在 InWFG 测试集上的 Wilcoxon 测试结果。可以发现，除了 IPMOEA 在 InWFG 测试问题上的 IX 指标，LLPDIMOGA、SPGA 和 IPMOEA 与 IMaOEA-CEI-AD 的 Wilcoxon 测试结果均小于 0.05，这表明 IMaOEA- CEI-AD 不仅优于其他算法，且具有显著差异。

表 5-6 IMaOEA-CEI-AD 与其他算法在 InWFG 测试问题上的 Wilcoxon 测试结果

IMaOEA-CEI-AD vs.	p 值在 InWFG 测试问题	
	IIGD 指标	IX 指标
IPMOEA	3×10^{-6}	0.504
LLPDIMOGA	6×10^{-6}	2×10^{-6}
SPGA	2×10^{-6}	1.2×10^{-5}

5.5 小结

考虑到算法在进化的某个阶段，侧重保持某种性质，以及过多采用“邻域假设”，容易造成搜索资源的浪费和陷入局部最优，从而难以有效平衡收敛性、多样性及不确定性。本章利用自适应反馈控制的思想，将最优解搜索过程中需要考虑的个体收敛性、种群多样性和不确定性动态地结合起来，提出了 IMaOEA-CEI。首先，在目标空间定义了虚拟最优解，建立了收敛性度量准则，兼顾搜索空间多样性和目标空间多样性，设计了空间密度度量准则。然后，结合不确定性度量，基于三个权重因子，设计了静态参数、随机参数、动态参数和自适应参数的性能平衡函数，分别表示为 IMaOEA-CEI-WS、IMaOEA-CEI-RS、IMaOEA-CEI-DC 和 IMaOEA-CEI-AD。通过两组实验，分别研究参数设置对算法性能的影响及 IMaOEA-CEI- AD 算法与其他优秀算法（LLPDIMOGA、SPGA 和 IPMOEA）在 InWFG 测试问题上的综合性能。结果表明，IMaOEA-CEI-AD 在 InWFG 测试问题上表现出竞争力。

第6章 双阶段博弈集成的区间高维多目标进化算法

第3～5章分别从Pareto支配、理想超平面和性能平衡函数三个角度设计了相应的区间高维多目标进化算法。从实验结果中可以发现，它们在一定程度上提高了多个区间高维多目标优化问题的求解效率，并可以提供具有较好收敛性和多样性的解决方案。然而，不存在一种算法在解决所有优化问题时都优于其他算法。本章针对求解具有多个特征的高维优化问题，提出了双阶段博弈集成的区间高维多目标进化算法。

6.1 引　言

无免费午餐（No-Free Lunch，NFL）定理表明，对具有多个特征的优化问题，几乎不可能存在一种算法获得的结果比其他所有的算法都要好[117]。因此，针对某个优化问题，从海量候选算法中挑选出一种高效的算法需要大量的时间及资源。如果能够在进化过程的不同阶段，合理利用现有算法中的策略和机制，使多个算子相互协调、共同作用，就可以进一步提升进化算法的性能。

在 EA 中，选择算子很大程度上决定了最终解集的优劣，也影响了算法的整体性能。通常，选择算子主要包括匹配选择算子和环境选择算子。但由于环境选择算子与最优解集的产生具有直接的联系，大多数区间高维多目标进化算法主要致力于设计更高效的环境选择策略。本书的第 3～5 章中，设计了不同的策略作为环境选择算子，在匹配选择中仅仅采用了传统的锦标赛选择策略。实际上，匹配选择算子的目标是选择具备高质量基因的优越父代个体来繁殖后代，从而加速进化。因此，匹配选择算子对后续环境选择具有非常重要的辅助意义，不容忽视。

基于上述考虑，本章从匹配选择算子和环境选择算子两个角度进行研究，提出了双阶段博弈集成的区间高维多目标进化算法（Interval Many-objective Evolutionary Algorithm for Two-Stage Game Integration，IMaOEA-TSGI）。该算法分为基于种群博弈集成的匹配选择阶段和基于波达计数的环境选择阶段。首先，在匹配选择阶段营造三个种群的博弈场景，以锦标赛选择策略、柔性区间 Pareto 支配和基于区间序关系的 Pareto 支配方法构建博弈策略池。种群在策略池中自主选择匹配策略后，以博弈效益函数进行评估，获胜的群体进入环境选择阶段。然后，在环境选择阶段将第 3～5 章算法中采用的选择策略作为候选环境选择策略，每个个体作为一个选举者，引入博弈论中的波达计数法选择自己喜欢的环境选择机制进行精英保留。最后，将本章所提方法应用于三组基准测试问题，并与第 3～5 章提出的算法，以及其他三种典型的优化方法比较，结果表明，所提方法具有优越性。

6.2 问题分析

1. 测试问题的特性分析

如前所述，多目标优化问题常常涉及多个具有冲突性的子问题，一个子问题表现较好时，可能其他子问题表现较差。不论是 MaOEA 领域，还是任何其他领域，当试图更好地理解一种算法的优点和缺点时，需要对面临的问题有深刻的理解。本书在第 3～5 章采用了 InDTLZ、InWFG 和 InMaOP 三组基准测试问题来验证所提出的算法。从表 2-1 和表 2-2 可以看出，这三组测试问题具有多种复杂特性，本节将进一步分析一些具有多种复杂特性的测试问题，以便为设计一种更高效的算法提供理论支持。

（1）在一些不规则 Pareto 最优前沿测试问题中，其目标函数经常存在线性函数、凸函数及凹函数等多种性质。此外，函数中存在一些权重参数，当权重参数不同时，Pareto 最优前沿表现形式不同。

（2）在具有多模态特性的问题中，存在多个 Pareto 最优解集映射到同一个 Pareto 最优前沿的情形，即存在多个全局或者局部最优解集（如 DTLZ1～DTLZ4）。该类问题求解较为困难，算法在优化过程中容易陷入局部最优。

（3）具有欺骗性目标函数的优化问题是特殊的多模态问题，其至少有两个最优值：真实最优值和欺骗性最优值。该类问题中，大多数搜索空间倾向于欺骗性最优值，把全局最优放在一个不可能的地方，导致最优解搜索变得越加困难。

（4）当优化问题的 Pareto 最优前沿呈现退化特性时，最优解集的均匀分布性将会减弱，原因在于该类问题的 Pareto 最优前沿维度比目标空间维度低。

（5）在具有偏差性的优化问题中，均匀分布在搜索空间的向量样本经过映射，在目标空间中产生了一定的偏差。换句话说，该类问题的 Pareto 最优解集到 Pareto 最优前沿的映射是有偏差的。算法在求解过程中，需要决策者判断其均匀分布体现在目标空间还是搜索空间。

对于具有不同特性的模型及问题，可以采取不同的策略来提高算法相应的求解性能。从第 3～5 章的实验结果来看，没有哪一种算法在求解一个优化问题时始终优于所有其他算法。为此，我们需要“取其精华，弃其糟粕”，集成不同算法的优化机制，从而更好地求解复杂多目标优化问题。

2. 集成策略的研究分析

进化算法一般包含匹配选择算子、遗传算子、环境选择算子等。在迭代搜索过程中，种群对上述操作算子的需求是动态变化的。在进化前期，一种高性能的算法所包含的操作算子需要具备快速收敛和全局搜索的特性，从而保证快速锁定最优解集。当准确地锁定 Pareto 最优解集所处区域后，具有局部搜索能力的操作算子需要发挥作用，进一步确定最终的 Pareto 最优解集。

对于集成算法而言，通常围绕两个因素展开：一是集成的操作算子具体包括哪些，二是如何设计集成策略来执行这些算子。在本节中，我们主要关注第二个因素。随着对集成学习和 EA 的不断深入研究，一些高效的集成策略已经被提出。本节主要介绍合作协同进化集成、竞争协同进化集成和策略池集成这三种经典的集成策略。

1）合作协同进化集成

协同进化的基本思想是分而治之，即将原始问题的 N 维决策变量分解为 N 个一维决策变量的子问题，同时将初始的进化种群划分为若干子种群，分别对应一个子问题。这些子种群并行地开展局部搜索，进化到某个阶段进行信息共享，搜索到的优良个体在这些子种群间迁移，从而形成最终解集并提高算法的全局收敛效率。合作协同进化集成方法示意图如图 6-1 所示。

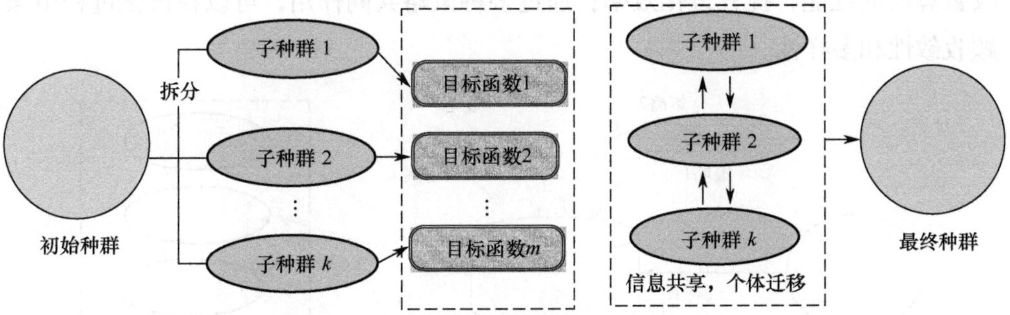

图 6-1 合作协同进化集成方法示意图

2）竞争协同进化集成

竞争协同进化集成指的是个体间通过一种动态的合作-竞争关系来确定优秀

个体，引导种群进化方向，促使算法获得较好的求解性能，即实现多个操作算子共赢的局面。本质上，该策略主要强调多个操作算子之间相互依存、相辅相成的关系，且各个算子通过共享信息能够及时调整，最终达到合作共赢的目的。竞争协同也可以称为对抗进化。假设有两个操作算子进行对抗，经过一轮竞争之后，双方被赋予“优胜者”和“落后者”的标签。在后续的对抗过程中，“优胜者”需要引导其他参与人朝着更好的方向进化，而“落后者”需要以“优胜者”为榜样，不断学习其进化方式。经过一轮又一轮的对抗，双方的身份可能会动态地发生转变，即之前的“优胜者”成为当前的“落后者”，之前的“落后者”在这一轮成为“优胜者”。但是，不管对抗双方的标签如何，对于整个算法而言，进化种群都是朝着靠近真实 Pareto 最优前沿的方向进化的，算法的性能也在博弈过程中不断提升。换句话说，一个具有较好性能的算法可以视为多个操作算子之间相互竞争、相互合作、互惠互利的结果。

3）策略池集成

策略池集成主要是将多个操作算子存储在一个比较抽象的“池”中，初始化的种群分别执行策略池中的不同操作算子，获得的解构成了备选解的策略池。策略池集成示意图如图 6-2 所示，多个不同特性的操作算子被存储到一个“池”中，类似于各条小溪、河流汇入大海。在该策略池中的备选解通过相互协调、相互作用，在进化后期筛选出更优良的解，组成最优解集。值得说明的是，相互协调机制一般有等概率集成、动态概率集成及并发集成等多种。通过构造策略池，可以改善算法的性能，提升进化效率；通过多种策略共同作用，可以在进化过程中兼顾收敛性和多样性。

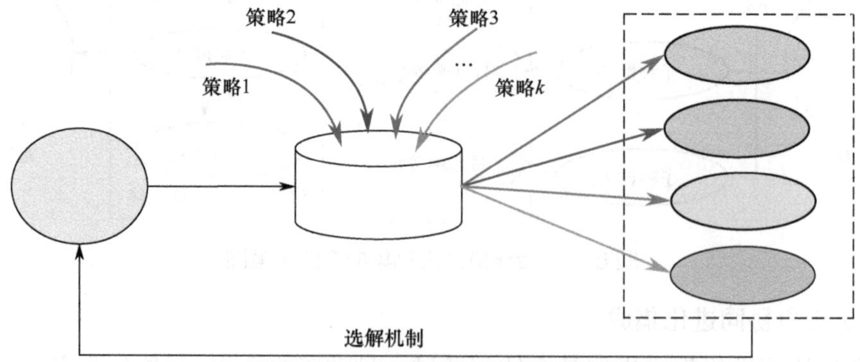

图 6-2　策略池集成示意图

在高维多目标进化算法的研究中，集成算法受到了广泛的关注和应用，并取得很多研究成果。例如，Wang 等通过采用分解策略和资源分配机制，集成多个进化算子，为算法提供具有优良基因的后代个体。在合作协同进化框架下，Peng 等采用适应度函数和多样性指标衡量各子种群的优劣，降低了大规模优化问题的计算成本。但是，对于本书研究的区间高维多目标优化问题而言，集成算法的相关研究少之又少。这也是本章利用集成策略设计区间高维多目标进化算法的动机之一。

需要说明的是，我们在追求集成算法求解性能的同时，需要综合考虑两个方面的因素。一方面，每种进化算法在设计之初，都是为解决优化问题中存在的某些特定问题。对于多个操作算子的集成，我们需要考虑不同操作算子之间的冲突性，防止出现副作用；另一方面，算法的时间复杂度也需要着重考虑，通常，我们希望在算法时间复杂度允许的情况下，采用集成策略设计高性能的区间高维多目标进化算法。

3．博弈论与多目标优化的联系

博弈论[118,119]起源于经济学理论，其主要通过不同参与人在博弈过程中各自采取的行为策略，研究如何找到能够达到各方目标的数学理论和方法。合作博弈和非合作博弈的区别在于是否存在约束游戏双方的协议。如果存在一个约束双方的协议，就是合作博弈，反之就是非合作博弈。根据博弈者的时间序列，博弈论可以进一步分为静态博弈和动态博弈。静态博弈的核心是博弈双方不知道对方的行动（如囚徒困境场景等）。动态博弈是指博弈双方按照优先顺序行动，后一个行动者可以观察到前一个行动者的信息。

博弈论的基本要素包括参与人、参与人的策略、参与人的效益函数等，一般用三元组 $\text{Game}=\{U,S,Q\}$ 表示。其中，U、S、Q 分别表示参与人、参与人的策略和效益函数。对于多目标博弈系统而言，参与人的效益函数可以用 $Q=\{q_1,q_2,\cdots,q_m\}$ 表示，其中 m 表示目标函数的数量。q_i 是参与人的第 i 个效益函数，$Q=\{Q_1,Q_2,\cdots,Q_i\}$ 为整个博弈系统的效益函数。

近年来，博弈论被广泛应用于处理各种管理优化问题。He 等[120]开发了一个考虑机器故障的博弈模型，其中鲁棒性和稳定性被认为是非合作博弈的双方。Wang

等[121]基于服务商的各种策略构建了一个博弈模型来协调服务商之间的关系。随着博弈论的发展，研究者将其引入多目标优化领域。虽然这方面的研究成果相对较少，但仍促进了博弈论与多目标优化的结合发展[122]。其中 Yu 等[123]考虑了生态效益、社会效益和经济效益三个目标，建立了多目标博弈模型，实现了多目标利益相关者之间的竞争性水库生态调度。

在博弈系统中，博弈论研究的是博弈参与人之间通过行动策略选择，达到各自收益最大化的目的，而多目标优化主要为由多个目标因素共同决定且目标之间相互冲突的实际问题提供最优的解集。两者存在以下共同点：

（1）两者面向的主体数量都多于一个；

（2）面向的主体之间相互冲突；

（3）所要达到的目标都是让主体获得最大收益。

总之，博弈论侧重于战略分析，多目标优化则注重求取结果的过程和手段。博弈论与多目标优化之间的要素可以形成一一映射，如表 6-1 所示。

表 6-1　博弈论与多目标优化的要素映射

要　素	博　弈　论	多目标优化
参与人	决策主体，主要选择可以使得自己收益最大化的策略	（1）种群，即所有个体作为决策主体，通过选择其进化策略达到求解 MaOP 的性能最大化 （2）单个个体，通过最大化自身收敛性和多样性以增加被选中进入下一代的可能性
策略	每个参与人可选的行动方案	在进化搜索过程中可选择的策略，如选择算子、进化算子、遗传算子等
收益（效益函数）	博弈结束时整个博弈系统的收益	一组策略所形成的最优解集的优劣程度，用评价指标衡量

通过上述分析，本章将引入博弈论机制，从匹配选择和环境选择两个阶段设计 IMaOEA-TSGI，并在 6.3 节中详细描述。

6.3　IMaOEA-TSGI 描述

本节详细描述 IMaOEA-TSGI。首先，在 6.3.1 节中分析了代表性选择策略的优缺点，并给出了本章算法中构建的两组策略池；然后，在 6.3.2 节详细描述了基于种群博弈的匹配选择算子，6.3.3 节详细介绍了基于波达计数的环境选择算子；

接着，在 6.3.4 节中描述了 IMaOEA-TSGI 的总体框架；最后，在 6.3.5 节中讨论了 IMaOEA- TSGI 的时间复杂度。

6.3.1 策略池构建

在 6.2 节中指出，策略池集成的关键在于如何选择具有不同功效的算子或者策略组建策略池。对不同的策略进行融合，可能会碰撞出效果更佳的火花，也可能会相互压制，造成负面影响。通俗地讲，负面影响的体现形式可以简单描述为：个体 A 认为策略 C_1 在种群中是最优的，而个体 B 认为策略 C_2 才是最优的。在这种情况下，集成算法的性能会因算子之间的冲突加剧而下降。

本节通过分析现有的区间多目标进化算法（LLPDIMOGA、IPMOEA、SPGA）及第 3～5 章提出的算法（IMaOEA-FPD、IMaOEA-IH 和 IMaOEA-CEI），分别构建匹配选择策略池和环境选择策略池。

从表 6-2 可知，无论哪一种选择机制，都有其适用的解决问题范围，并有不同的优缺点。也就是说，用某个选择策略求解区间高维多目标优化问题，并不能全面考虑诸多因素。因此，我们可以根据不同问题的特点，有目的地选择策略，构建策略池，从而提高解决问题的效率，同时保证种群的收敛和分布。本章以基于序关系的 Pareto 支配策略和柔性区间 Pareto 支配策略构建匹配选择策略池，分别标记为 PS_1 和 PS_2。由于这两个策略需要多样性维护机制进行辅助，因此分别与基于区域划分的多样性维护机制进行结合。此外，本章以理想超平面选择策略、自适应性能平衡函数策略、加权求和性能平衡函数策略构建环境选择策略池，分别标记为 HS_1、HS_2 和 HS_3。

表 6-2 代表性选择策略相关描述

选择算子	优点	缺点
锦标赛选择策略	复杂度较小，易并行化处理	未能较好地反映收敛性和多样性在选择过程中的作用
基于序关系的 Pareto 支配	有效区分个体优劣，收敛性及不确定性较小的个体有更多的机会被选择	易受个体在目标空间中位置关系的影响；进化后期，无法进一步区分非支配解，容易失效
基于区间可信度的 Pareto 支配	能够区分具有不同位置关系的区间目标函数的优劣	个体之间的支配概率计算复杂度较高；进化后期，无法区分非支配解，容易失效；需要多样性维护机制辅助

（续表）

选择算子	优点	缺点
柔性区间 Pareto 支配	可以兼顾收敛性和不确定性，选择优秀个体；扩大最优解的搜索范围，间接提高了个体多样性	进化后期，无法区分非支配解，容易失效；需要多样性维护机制辅助
基于区域划分的多样性维护机制	可以客观反映解集的分布性，多样性较好的个体有更多的机会被选择	仅适用于相同支配层的个体间评估；不能很好地评价个体收敛性，需要收敛性机制进行调节
理想超平面选择策略	可以有效解决基于 Pareto 支配的多目标进化算法在后期选择压力不足的问题；可以引导种群向收敛性较强的方向搜索，提高算法的收敛性	目标维度过高时，超平面构造的计算代价较大；需要多样性选择机制进行调整
综合评价指标策略	将收敛性、多样性和不确定性动态地结合起来，有效增大算法的选择压力，加速寻优	容易受到权重因子的性能影响

6.3.2 基于种群博弈的匹配选择算子

匹配选择算子主要用来建立匹配池，选择父代个体并通过遗传算子繁殖，生成子代，从而快速完成迭代优化。对于确定性高维多目标进化算法，研究者提出了诸多匹配选择策略。在基于分解的 MaOEA 中，锦标赛选择策略常常被用来进行匹配选择，该方法主要通过随机方式选择父代个体，且每个个体的选择概率是相等的，如 NSGA-III、RVEA 和 EFRRR 等。经典的采用 Pareto 支配准则进行匹配选择的算法有 GrEA 和 KnEA 等。在基于性能指标的 MaOEA 中，超体积指标、反世代距离指标被用来评价个体的收敛性和多样性，如 HyPE、MaOEA-IGD 等。然而，目前区间高维多目标进化算法的研究处于起步阶段，大多数算法采用锦标赛选择策略填充匹配池。作为 EA 的第一步，匹配选择成为提升算法性能的关键。通过高效的匹配选择方案获得具有优秀基因的父代个体是一项艰巨的任务。

结合非合作博弈理论，本节设计了基于种群博弈的匹配选择算子。具体地，每个种群被视为一个博弈参与人，获胜的种群将进入下一阶段。值得注意的是，这个阶段采用双种群博弈机制。收敛性和多样性对于高维多目标进化算法来说尤其重要，高效的匹配选择需要平衡收敛性和多样性。基于 6.3.1 节构建的匹配选择策略池，我们为博弈参与人预设了一个策略池，包括 PS_1 策略和 PS_2 策略，将每个策略的选择概率设置为 0.5。在每个博弈参与人进行一轮博弈之前，根据自身信息和全局信息，做出博弈行为，即选择相应的匹配策略进行匹配，生成一个匹配池。比较博弈参与人的行为所获得的效益函数值，当前博弈的获胜者应具有较大的效益函数值，种群博弈示意图如图 6-3 所示。

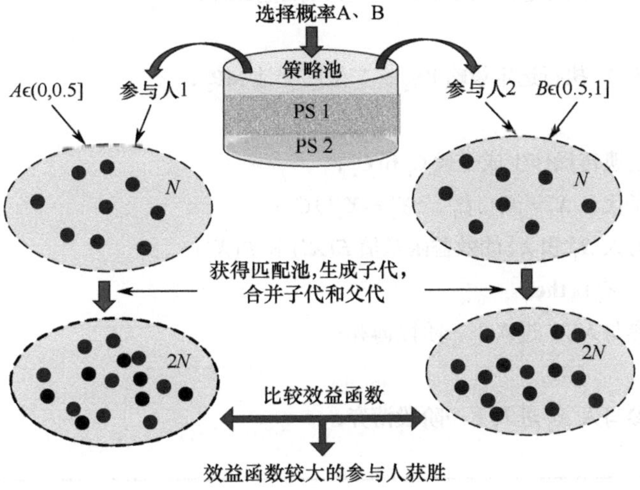

图 6-3 种群博弈示意图

在算法 6.1 中，给定博弈参与人 X_1 和 X_2，对应的目标函数 $F(X_1)$ 和 $F(X_2)$，以及策略集合 $S \leftarrow \{PS_1, PS_2\}$。首先，生成两个随机数 A 和 B，分别标记参与人 X_1 和 X_2 选择匹配策略的概率，并执行选定策略产生匹配池 MP_1 和 MP_2。然后，匹配池中个体作为父代，经过模拟二进制交叉和多项式变异等遗传操作生成子代 C_1 和 C_2。接着，对父代和子代的合并群体进行效益函数计算，以选出进入下一阶段博弈的群体。若参与人 X_1' 的效益函数值 $E(X_1')$ 大于参与人 X_2' 的效益函数值 $E(X_2')$，则具有较大效益的参与人 X_1 被选择进入下一阶段博弈。由于效益函数直接影响了博弈的获胜者，因此我们选择 IIGD 指标作为该阶段的效益函数，用于选择收敛性和多样性俱佳的群体进入下一阶段，即 $E(X_1') = \text{IIGD}(X_1')$。

算法 6.1 基于种群博弈的匹配选择算子

输入： $X_1 = \{x_1^1, x_1^2, \cdots, x_1^n\}$：第一阶段博弈参与人 1；
$MP_1 = \varnothing$：X_1 获得的匹配池；
$X_2 = \{x_2^1, x_2^2, \cdots, x_2^n\}$：第一阶段博弈参与人 2；
$MP_2 = \varnothing$：X_2 获得的匹配池；
$S \leftarrow \{PS_1, PS_2\}$：参与人可以选择的策略池；

输出： 第二阶段博弈参与人 X'

1. 生成两个随机数 A 和 B，分别标记 X_1 和 X_2 选择匹配策略的概率，且 $\{A,B\}\in(0,1)$；
2. **If** $A\leqslant 0.5$ **then** （对于 B 同样适用）
3. 　博弈参与人 X_1 执行选定策略 PS_1，产生匹配池 MP_1；
4. **Else**
5. 　博弈参与人 X_2 执行选定策略 PS_2，产生匹配池 MP_2；
6. **End If**
7. X_1 和 X_2 通过遗传操作生成子代 C_1 和 C_2；
8. 合并亲本和子代：$X_1'=X_1\cup C_1$，$X_2'=X_2\cup C_2$；
9. 计算博弈参与人 X_1' 和 X_2' 的效益函数值 $E(X_1')$ 和 $E(X_2')$；
10. **If** $E(X_1')>E(X_2')$ **then**
11. 　　博弈参与人 X_1' 进入下一阶段博弈；
12. **Else**
13. 　　博弈参与人 X_2' 进入下一阶段博弈；
14. **End If**

6.3.3 基于波达计数的环境选择算子

进化种群完成匹配选择算子操作后，选择出具有优秀基因的父代个体，经过模拟二进制交叉和多项式变异等遗传操作，算法生成了与初始种群规模相同的子代种群。环境选择算子的主要目标是从父代和子代的组合中选择出收敛性和多样性俱佳的个体作为下一代种群。在EA的关键阶段，环境选择算子承担了更艰巨的任务。

对于策略池集成而言，一些基于概率的选择机制被广泛使用，如GS、RPS等。对公平性有较高要求的实际优化问题，等概率选择机制是一种有效的选择机制。但是，当实际优化问题容易受噪声干扰且对公平性要求不高时，等概率选择机制不再适用。动态概率选择机制则通过不断改变不同理想超平面的被选择概率，在种群迭代优化过程中发挥效用。然而，这种方式需要在前期对参数进行敏感性分析，还需要分析动态变化的步长。为此，本章在环境选择算子中，将进入环境选择阶段的个体作为选举者，将 HS_1、HS_2 和 HS_3 作为候选者，采用博弈论中的选举机制决定下一代种群。下面将详细介绍基于波达计数的环境选择算子。

在博弈论中，许多研究者提出了多种选举机制，如相对多数选举法、孔多塞准则、谷轮法及波达计数法等。为了保证选举过程的合理性，假设具有选举权的人数为 N，候选项为 HS_1、HS_2 和 HS_3，上述选举机制均符合以下特性：

Pareto 最优特性：对于候选项的 N 个排列结果，若 HS_1 均在 HS_2 之前，则最终结果一定满足 HS_1 票数超过 HS_2。

无关因素独立性：对于 N 个选举者，若超过一半的民众认为 HS_1 优于 HS_2，则即便 HS_3 的相对位置改变，也不会影响大多数候选者对于 HS_1 优于 HS_2 的偏好。

非独裁特性：在选举者 $X=\{x_1,x_2,\cdots,x_N\}$ 中，不存在选举者 $x_i(i=1,2,\cdots,N)$ 的结果一定为最终选举结果。

在提及的四种博弈选举机制中，相对多数选举法无法从选举者的偏好顺序中得到具有多数票的候选项，在某种情况下，无论哪一个候选者被选中，总会有大多数的选举者不满意。换言之，不管我们最终选择哪个候选项，总会有三分之二的选举者更偏好于另一个候选项。孔多塞准则下最终获胜的候选项必须在两两对比中都获胜，该方法的最终获胜者不一定存在。谷轮法通过计算每个候选项的得分进行选举，分数最高的候选项成为最终获胜者。值得说明的是，每个候选项的分数通过成对的胜利数量减去失败数量计算。很明显，谷轮法符合孔多塞准则，但当孔多塞准则下的获胜者不存在时，谷轮法仍然可以选举出最终获胜者。与前面三种方法不同的是，波达计数法不仅仅考虑排名靠前的候选项，还考虑了优先顺序中的所有信息。该方法综合考虑所有信息，计算每个候选项的选举得分。假设具有选举权的人数为 N，候选项为 $HS_i(i=1,2,\cdots,N)$，计算公式如下：

$$S(HS_i)=\sum_{j=1}^{N} jc_j \tag{6.1}$$

其中，c_j 表示候选项 HS_i 在 N 个选举者的排列结果中，排名等级为 j 的选票数量。

基于上述分析，我们采用波达计数法选举机制对策略池中的环境选择策略进行投票选举。如算法 6.2 所述，种群 $X'=\{x_1,x_2\cdots,x_{2n}\}$ 中的 $2n$ 个个体进行通力合作，共同选出一个环境选择策略。首先，执行初始化操作：种群 $X=\{x_1,x_2,\cdots,x_N\}$

中的每个个体作为选举者，以理想超平面选择策略 HS_1、自适应性能平衡函数策略 HS_2 和加权求和性能平衡函数策略 HS_3 作为候选项。为策略池 $HS \leftarrow \{HS_1, HS_2, HS_3\}$ 中的每个策略设置一个等级计数器，初始化为 0。其次，遍历种群 X，每个个体 $x_i(i=1,2,\cdots,N)$ 对三个候选项进行排名，记录排序列表，并更新相应计数器。再次，根据公式（6.1），计算每个候选项在波达计数法规则下的选举得分 $S(HS_i)$ $(i=1,2,\cdots,N)$。最后，将所有候选项的得分进行降序排列，得分最高的候选项（策略）作为当前代的胜利者（环境选择策略），并以此作为下一代种群的选择方式。图 6-4 所示为基于波达计数的环境选择示意图。

算法 6.2　基于波达计数的环境选择算子

输入： $X'=\{x_1,x_2,\cdots,x_{2n}\}$：前一阶段获胜的博弈参与人；

$HS \leftarrow \{HS_1, HS_2, HS_3\}$：博弈个体可以选择的策略集合；

输出： 最终的种群 X，其规模为 n；

1. 为每个策略设置一个等级计数器 $HS^* \leftarrow \{N_{\text{rank=1}}=0, \text{Num}_{\text{rank=2}}=0, \text{Num}_{\text{rank=3}}=0\}$；
2. **For** 个体 x_i in X' **do**
3. 　　个体 x_i 给出三种策略的排序结果 $\text{Rank}(HS_i)$；
4. 　　**If** $\text{Rank}(HS_i) == 1$ **then**
5. 　　　策略 HS_i 的第一等级计数器增加：$N_{\text{rank=1}} = N_{\text{rank=1}} + 1$；
6. 　　**Else If** $\text{Rank}(HS_i) == 2$ **then**
7. 　　　策略 HS_i 的第二等级计数器增加：$N_{\text{rank=2}} = N_{\text{rank=2}} + 1$；
8. 　　**Else**
9. 　　　策略 HS_i 的第三等级计数器增加：$N_{\text{rank=3}} = N_{\text{rank=3}} + 1$；
10. 　　**End If**
11. **End For**
12. 根据公式（6.1），计算每个候选项在波达计数法规则下的选举得分 $S(HS_i)$。
13. 比较三个计数器，计数值最大的策略将执行环境选择操作，获得规模为 n 的下一代种群 X。

6.3.4 IMaOEA-TSGI 框架

本章将 6.3.1 节构建的策略池，6.3.2 节提出的基于种群博弈的匹配选择算子，以及 6.3.3 节提出的基于波达计数的环境选择算子相结合，提出了 IMaOEA-TSGI。IMaOEA-TSGI 的整体框架如算法 6.3 所示。

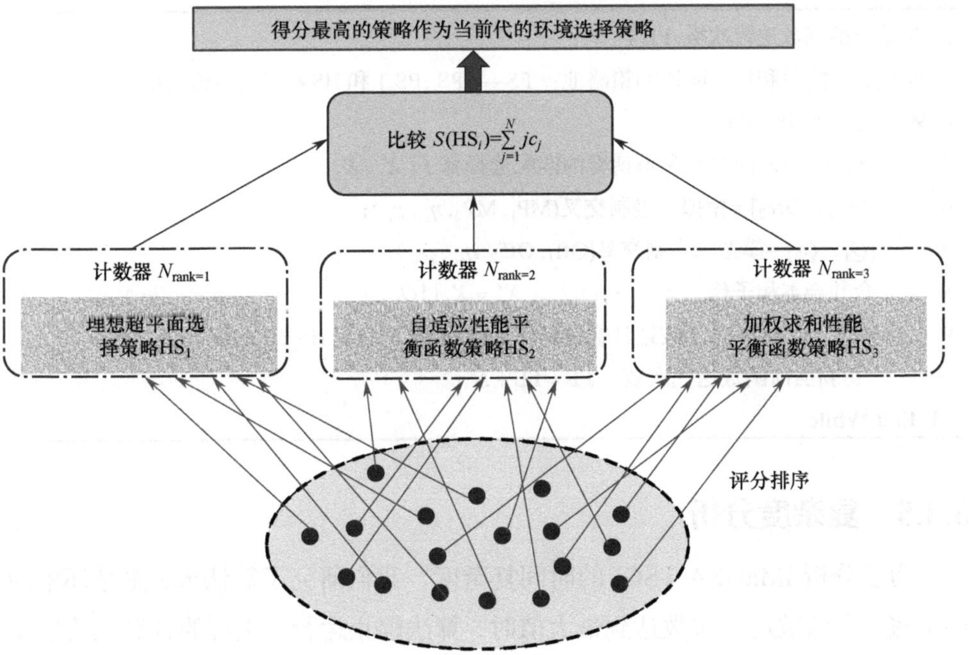

图 6-4 基于波达计数的环境选择示意图

如算法 6.3 所述，给定一系列必要的参数，如最大函数迭代次数 MFE，种群规模 N 等。初始化两个种群 X_1 和 X_2，作为第一阶段博弈的参与群体，并计算 X_1 和 X_2 中所有个体的目标函数 $F(X_1)=\{f_1(X_1),f_2(X_1),\cdots,f_m(X_1)\}$，其中 m 代表目标函数的个数，$X_1=\{x_1^1,x_1^2,\cdots,x_1^n\}$，$n$ 表示博弈参与群体中的个体总数。在博弈的匹配选择阶段和环境选择阶段，分别构建策略集合 $\mathrm{PS}\leftarrow\{\mathrm{PS}_1,\mathrm{PS}_2\}$ 和 $\mathrm{HS}\leftarrow\{\mathrm{HS}_1,\mathrm{HS}_2,\mathrm{HS}_3\}$。依次执行基于种群博弈的匹配选择算子和基于波达计数的环境选择算子，并更新当前函数迭代次数 FE，直到达到最大函数迭代次数 MFE，循环结束。

算法 6.3 IMaOEA-TSGI 的整体框架

输入: MFE：最大函数迭代次数。N: 种群规模。

η_{c}：交叉算子的分布指数。p_{c}：交叉概率。

η_{m}：变异算子的分布指数。p_{m}：变异概率。

输出: X：最优解集。

1. 随机初始化种群 X_1 和 X_2，并分别计算博弈参与群体 X_1 和 X_2 中所有个体的目标函数 $F(X_1)$ 和 $F(X_2)$；

2. 记录当前函数迭代次数: FE $\leftarrow N$;
3. 构建第一阶段和第二阶段的策略池： PS $\leftarrow \{PS_1, PS_2\}$ 和 HS $\leftarrow \{HS_1, HS_2, HS_3\}$;
4. **While** FE < MFE **do**
5. [MP_1，MP_2] =基于种群博弈的匹配选择算子(X_1 , X_2 , PS , HS);
6. [Off_1，Off_2] =模拟二进制交叉(MP_1, MP_2, η_c , p_c);
7. [Q_1，Q_2] =模拟二进制交叉(Off_1, Off_2, η_m , p_m);
8. 合并亲本和子代： $X_1' = X_1 \cup Q_1$ ， $X_2' = X_2 \cup Q_2$;
9. [MP_1，MP_2] =基于波达计数的环境选择算子(X_1'/X_2' , HS_1, HS_2, HS_3);
10. 更新当前函数迭代次数： FE = FE + N ;
11. **End While**

6.3.5 复杂度分析

为了分析 IMaOEA-TSGI 的时间复杂度，我们研究了算法 6.3 主循环中的主要步骤。当函数迭代次数达到最大值时，算法停止运行。主要的计算代价发生在基于种群博弈的匹配选择阶段（算法 6.1）和基于波达计数的环境选择阶段（算法 6.2）。

在算法 6.1 中，除遗传操作（模拟二进制交叉、多项式变异）外，种群博弈过程包括以下几个步骤：生成匹配池、效益函数值计算和下一阶段的参与人选择。假设目标数为 M ，总体规模为 N ，匹配池生成过程中，基于序关系的 Pareto 支配（PS_1 策略）和柔性区间 Pareto 支配（PS_2 策略）的时间复杂度均为 $O(MN\log N)$ ，在最坏情况下，N 个个体均在同一层，即种群所有解互不支配，则两者的时间复杂度为 $O(N^2M)$ 。基于区域划分的多样性维护机制的时间复杂度为 $O(2N\log(2N))$ 。对于获胜者选择的策略而言，其时间复杂度通过效益函数来实现，结果为 $O(1)$ 。因此，基于种群博弈的匹配选择阶段的时间复杂度为 $O(N^2M)$ 。

由 5.3.4 节可知，计算个体的性能平衡函数需要获取其收敛性度量、空间密度度量和不确定性度量，其时间复杂度分别为 $O(N)$ 、$O(N^2)$ 和 $O(NM)$ ；由 4.3.6 节可知，在最坏情况下，理想超平面选择策略的时间复杂度为 $O(N^2\log N)$ ，故基于波达计数的环境选择算子的时间复杂度为 $O(N^2\log N)$ 。综上所述，IMaOEA-TSGI 的时间复杂度为 $\max\{O(N^2M)，O(N^2\log N)\}$。

6.4 仿真实验

6.4.1 相关参数设置

本章实验采用第 3～5 章提及的 InDTLZ、InWFG 和 InMaOP 基准测试问题进行算法性能验证，且性能评价指标及对比算法的设置与第 3～5 章相同，因此参照第 3～5 章参数进行相应设置，这里不再赘述。

6.4.2 算法在 InDTLZ 测试问题上的性能比较

本节将所提出的 IMaOEA-TSGI 与其他 6 种算法在 InDTLZ 测试问题上进行了对比，并利用 IIGD 指标和 IX 指标对算法的性能进行了相应的评估。这 6 种算法分别是 IPMOEA、LLPDIMOGA、SPGA、IMaOEA-FPD、IMaOEA-IH-AS 和 IMaOEA-CEI-AD。表 6-3 中，加粗字体显示的值表示算法求得的最优解，“+”、“−”和“=”表示其他算法性能优于、劣于或者等于所提出的 IMaOEA-TSGI。

表 6-3 展示了 7 种算法在 4、6、8、10、15 个目标的 InDTLZ1～InDTLZ6 测试函数上获得的 IIGD 值。从表 6-3 的最后一行可以看出，与 IMaOEA-IH-AS 相比，IMaOEA-TSGI 在 21 个测试函数上有着明显的优势，而 IMaOEA-IH-AS 仅在 5 个测试问题中优于 IMaOEA-TSGI。这是因为 IMaOEA-IH-AS 使用理想超平面引导最优解搜索时，过多地考虑了收敛性而忽略了多样性的维持，从而使得算法的综合性能较差。从与 IMaOEA-FPD 和 IMaOEA-CEI-AD 的比较结果来看，IMaOEA-FPD 仅在 1 个测试函数中的性能优于 IMaOEA-TSGI，IMaOEA-CEI-AD 在 3 个测试函数中的性能优于 IMaOEA-TSGI。此外，与 IPMOEA、SPGA 和 LLPDIMOGA 相比，IMaOEA-TSGI 在 IIGD 指标上也具有明显的优势。可能的原因是 IMaOEA-TSGI 采用了集成学习的思想，不仅采用了与 IMaOEA- FPD 相同的柔性区间 Pareto 支配策略，还集成了理想超平面、性能平衡函数等高效的选择策略，这为提高种群的收敛性和多样性提供一定的帮助。虽然 IMaOEA-TSGI 在 InDTLZ5 测试函数上的性能没有超过其他算法，但在 InDTLZ1、InDTLZ2、InDTLZ4 和 InDTLZ6 测试函数上的性能优于其他 6 种算法。

表 6-3 IMaOEA-TSGI 与其他 6 种算法在 InDTLZ 测试问题上的 IIGD 结果比较

测试函数	M	IMaOEA-IH-AS	IPMOEA	LLPDI-MOGA	IMaOEA-FPD	SPGA	IMaOEA-CEI-AD	IMaOEA-TSGI
InDTLZ1	4	3.0074e+1−	4.7866e+1−	2.7718e+1−	2.4789e+1 =	1.2251e+2−	1.2339e+2−	**1.80e +01**
	6	3.1858e+1−	4.9416e+1−	2.4150e+1 =	2.6347e+1−	8.3874e+1−	1.0811e+2−	**2.07e+01**
	8	2.2857e+1 =	4.6919e+1−	2.7749e+1−	2.5422e+1−	5.6516e+1−	7.8721e+1−	**1.92e+01**
	10	3.1248e+1−	3.8558e+1−	2.5931e+1−	2.5570e+1−	4.4217e+1−	6.4289e+1−	**1.77e+01**
	15	4.9378e+1−	4.1661e+1−	4.9421e+1−	2.6852e+1−	4.6134e+1−	9.5303e+1−	**1.58e+01**
InDTLZ2	4	5.5547e−1−	4.9022e−1−	4.5709e−1−	3.4667e−1−	1.1473e+0−	1.2976e+0−	**4.40e−01**
	6	7.0723e−1−	6.8065e−1−	6.5309e−1−	4.2426e−1−	2.0237e+0−	1.3920e+0−	**6.06e−01**
	8	7.4524e−1 =	9.8266e−1−	7.8945e−1−	5.6455e+0−	3.2891e+0−	1.5468e+0−	**7.03e−01**
	10	9.1419e−1−	1.0139e+0−	9.1600e−1−	7.5680e−1−	1.6719e+0−	1.0623e+0−	**5.96e−01**
	15	1.0509e+0 =	1.5150e+0−	1.1652e+0−	9.0690e+0−	4.2425e+0−	1.5951e+0−	**1.00e+00**
InDTLZ3	4	4.1331e+2−	4.8166e+2−	3.3034e+2−	3.0059e+2−	1.0018e+3−	7.3334e+2−	**2.07e+02**
	6	3.5956e+2−	5.2441e+2−	3.4758e+2−	2.9358e+2 =	9.5028e+2−	7.2861e+2−	**2.29e+02**
	8	3.4600e+2−	4.7897e+2−	3.4507e+2−	2.4704e+2 =	9.8573e+2−	7.1280e+2−	**2.46e+02**
	10	3.8567e+2−	4.3045e+2−	3.8005e+2−	2.6343e+2 =	6.9747e+2−	5.8303e+2−	**2.42e+02**
	15	4.2168e+2−	5.5465e+2−	4.3887e+2−	**1.7032e+2 =**	8.2072e+2−	7.5861e+2−	2.15e+02
InDTLZ4	4	8.1713e−1 =	1.2076e+0−	8.9807e−1−	9.6303e−1−	9.5267e−1−	1.1469e+0−	**7.42e−01**
	6	1.0863e+0−	1.2671e+0−	1.0953e+0−	1.1563e+0−	1.3548e+0−	1.2325e+0−	**8.88e−01**
	8	1.1953e+0−	1.3641e+0−	1.2039e+0−	1.3586e+0−	1.3752e+0−	1.2348e+0−	**9.74e−01**
	10	1.2328e+0−	1.3320e+0−	1.2207e+0−	1.3208e+0−	1.2703e+0−	1.1385e+0−	**1.01e+00**
	15	1.4015e+0−	1.4718e+0−	1.6160e+0−	1.5102e+0−	1.6086e+0−	1.5230e+0−	**1.24e+00**
InDTLZ5	4	2.1366e−1 +	2.4278e−1 +	**1.8914e−1 +**	5.9171e−1 =	5.4677e−1 +	9.8150e−1−	7.67e−01
	6	2.3646e−1 +	2.7887e−1 +	**2.2799e−1 +**	7.3620e−1 =	5.2364e−1 +	7.5726e−1 =	7.88e−01
	8	2.9396e−1 +	3.1404e−1 +	**2.8114e−1 +**	8.4482e−1 =	4.9261e−1 +	6.4401e−1 +	8.11e−01
	10	3.3272e−1 +	**3.1651e−1 +**	3.3690e−1 +	6.3069e−1 +	3.9336e−1 +	5.0002e−1 +	9.20e−01
	15	5.3410e−1 +	**4.9674e−1 +**	5.4474e−1 +	1.1166e+0−	5.8473e−1 +	7.7251e−1 +	9.34e−01
InDTLZ6	4	7.7859e+0−	8.0701e+0−	7.6920e+0−	7.7410e+0−	8.1159e+0−	8.3220e+0−	**5.97e+00**
	6	7.8157e+0−	8.0625e+0−	7.9145e+0−	7.4959e+0−	7.8535e+0−	8.3089e+0−	**6.20e+00**
	8	8.0790e+0−	8.0988e+0−	8.1706e+0−	7.2493e+0−	7.8644e+0−	7.9009e+0−	**6.65e+00**
	10	8.0110e+0−	8.0527e+0−	7.9986e+0−	7.5591e+0 =	7.5964e+0 =	7.6735e+0−	**7.32e+00**
	15	7.7257e+0−	8.1380e+0−	7.8337e+0−	7.1212e+0 =	7.8327e+0−	8.1515e+0−	**6.67e+00**
+/−/=		5/21/4	5/25/0	4/25/1	1/19/10	5/24/1	3/26/1	—
Best/All		0/30	2/30	3/30	1/30	0/30	0/30	24/30

表 6-4 所示为 7 种算法在 InDTLZ 测试问题的 IIGD 值的排名统计，结果也可

以表明，IMaOEA-TSGI 具有优越性。IMaOEA-TSGI 通过双种群博弈机制及两种匹配选择策略选择出收敛性和多样性俱佳的父代个体，进而将优秀基因遗传给下一代。而在环境选择中，基于多种选择策略的精英个体保留机制为挑选出性能优良的个体提供了更多可能，从而提高了算法求解多种问题的综合性能。表 6-5 给出了 IMaOEA-TSGI 与其他算法在 InDTLZ 测试问题上 IIGD 的 Wilcoxon 测试结果，结果也表明该算法具有优越性。

表 6-4　7 种算法在 InDTLZ 测试问题的 IIGD 值的排名统计

算　法	等级 1	等级 2	等级 3	等级 4	等级 5	等级 6	等级 7
IMaOEA-IH-AS	0	11	8	8	2	1	0
IPMOEA	2	0	5	2	13	4	4
LLPDIMOGA	3	2	14	5	3	0	2
IMaOEA-FPD	1	5	5	2	4	2	3
SPGA	0	0	2	9	2	7	10
IMaOEA-CEI-AD	0	1	0	3	5	12	9
IMaOEA-TSGI	24	7	0	1	1	3	2

表 6-5　IMaOEA-TSGI 与其他算法在 InDTLZ 测试问题上 IIGD 的 Wilcoxon 测试结果

IMaOEA-TSGI vs	值
IMaOEA-IH-AS	0.001
IPMOEA	0.001
LLPDIMOGA	0.001
IMaOEA-FPD	0.030
SPGA	4.4×10^{-5}
IMaOEA-CEI-AD	1.6×10^{-5}

除了 7 种算法在 InDTLZ 测试问题上的 IIGD 结果比较，图 6-5 和图 6-6 分别展示了 7 种算法在 4 个目标和 8 个目标的 InDTLZ1～InDTLZ6 测试函数上 IX 值的比较。对于 4 个目标的 InDTLZ 测试问题而言，虽然 IMaOEA-TSGI 没有表现出比其他算法更小的不确定性，但是差距并不大。IMaOEA-FPD 在 6 个测试函数上 IX 指标的表现最佳。IMaOEA-TSGI 在 InDTLZ4 上的不确定性优于 IPMOEA、SPGA 和 LLPDIMOGA。同样，在 8 个目标的 InDTLZ 测试问题上，除 InDTLZ2 外，IMaOEA-TSGI 与其他算法性能相似。由于 IX 指标与 IIGD 指标存在一定的冲突性，IIGD 值较优的算法在 IX 值上表现得不会那么优越。而总体上，IMaOEA-TSGI 在收敛性和

多样性的平衡方面具有最大的优势，而在不确定性方面与其他算法相差不大，这也反映了 IMaOEA-TSGI 在求解 InDTLZ 测试问题上具有较强的竞争力。

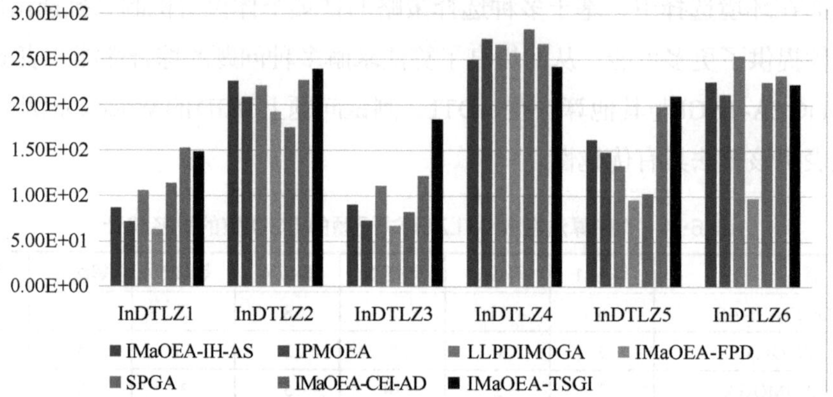

图 6-5　7 种算法在 4 个目标的 InDTLZ1～InDTLZ6 测试函数上的 IX 值比较
（本图彩色版见本书彩插）

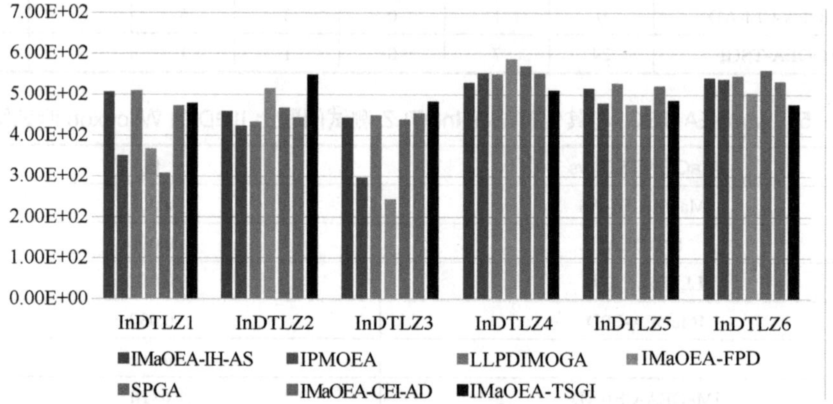

图 6-6　7 种算法在 8 个目标的 InDTLZ1～InDTLZ6 测试函数上的 IX 值比较
（本图彩色版见本书彩插）

6.4.3　算法在 InWFG 测试问题上的性能比较

表 6-6 给出了 IMaOEA-TSGI 与其他 6 种算法在 InWFG 测试问题上的 IIGD 结果比较。InWFG3～InWFG9 虽然具有相同特性的 Pareto 最优前沿，但具有不同的决策空间，InWFG4 和 InWFG5 分别具有多模态性和欺骗性，InWFG7 具有可分离性和单模态性，InWFG6 和 InWFG8～InWFG9 具有不可分离性。从表 6-6 中可以发现，SPGA 在 4 个目标的 InWFG5、InWFG6、InWFG8 和 InWFG9 上的性能

优于其他算法。其中，IMaOEA-IH-AS、IPMOEA 和 SPGA 在 4、6、8、10 和 15 个目标的 InWFG3 上的性能优于 IMaOEA-TSGI，可能的原因是 InWFG3 同时具有不可分离性、连通性和退化性，导致 Pareto 解集不易获得，而 IMaOEA-TSGI 采用的多种选择策略在求解该问题时发生冲突。换句话说，可能 IMaOEA-TSGI 中对策略 A 认为优秀的个体，策略 B 认为是需要舍弃的，因此获得的解集效果较差。除此之外，IMaOEA-TSGI 在 InWFG4～InWFG9 上的性能均优于其他算法。

从表 6-6 的倒数第二行可以发现，IMaOEA-TSGI 明显优于 IMaOEA-IH-AS、IPMOEA、LLPDIMOGA、IMaOEA-FPD、SPGA 和 IMaOEA-CEI-AD 的测试问题数量分别是 27、26、33、28、24 和 32。上述结果可以说明 IMaOEA-TSGI 对于 InWFG 测试问题的求解性能是优于其他算法的，这也表明了双阶段博弈集成具有高效性。

表 6-6　IMaOEA-TSGI 与其他 6 种算法在 InWFG 测试问题上的 IIGD 结果比较

测试函数	M	IMaOEA-IH-AS	IPMOEA	LLPDI-MOGA	IMaOEA-FPD	SPGA	IMaOEA-CEI-AD	IMaOEA-TSGI
InWFG3	4	5.1336e−1 +	**3.9530e−1** +	1.9606e+0−	1.0885e+0 +	4.5827e−1 +	6.8498e−1 +	1.32e+00
	6	7.4659e−1 +	**6.8884e−1** +	2.8284e+0−	1.7449e+0 =	7.4893e−1 +	2.2525e+0 =	1.79e+00
	8	**9.3425e−1** +	1.0136e+0 +	3.5341e+0−	2.1458e+0 =	9.7285e−1 +	5.3218e+0	2.27e+00
	10	9.9196e−1 +	**9.8241e−1** +	1.4602e+0 +	1.8511e+0 =	1.0343e+0 +	2.3317e+0 =	1.78e+00
	15	**1.8408e+0** +	3.6648e+0 +	7.0167e+0−	4.1558e+0 +	2.9310e+0 +	1.2523e+1−	4.81e+00
InWFG4	4	1.5176e+0−	1.4179e+0−	1.3677e+0−	1.5494e+0−	1.2809e+0−	5.2029e+0−	**1.09e+00**
	6	3.8039e+0−	3.8019e+0	4.6702e+0−	3.0600e+0−	3.6125e+0−	8.4533e+0−	**2.41e+00**
	8	6.7450e+0−	6.6207e+0−	9.6468e+0−	5.3492e+0−	6.6901e+0−	1.2768e+1−	**4.24e+00**
	10	9.1582e+0−	9.0912e+0−	1.3787e+1−	7.7999e+0−	9.1943e+0−	1.4328e+1−	**6.76e+00**
	15	1.9111e+1−	1.7139e+1−	2.8195e+1−	1.6440e+1−	1.8350e+1−	2.8475e+1−	**1.40e+01**
InWFG5	4	1.1993e+0 =	1.1018e+0 +	2.0694e+0−	1.6511e+0−	**1.0878e+0** +	3.2144e+0−	1.19e+00
	6	2.8342e+0−	2.7708e+0−	2.7795e+0−	3.0499e+0−	2.6676e+0−	6.7151e+0−	**2.39e+00**
	8	5.0419e+0−	4.9678e+0−	4.7497e+0−	4.9909e+0−	4.6327e+0−	1.0660e+1−	**4.15e+00**
	10	7.0410e+0−	6.7833e+0−	7.9277e+0−	6.4246e+0−	6.8816e+0−	1.1591e+1−	**5.78e+00**
	15	1.5265e+1−	1.3405e+1−	2.4177e+1−	1.3389e+1−	1.3148e+1−	2.7308e+1−	**1.19e+01**
InWFG6	4	1.2956e+0 +	1.2232e+0 +	1.9586e+0−	1.7782e+0−	**1.1127e+0** +	4.2747e+0−	1.44e+00
	6	2.9643e+0−	2.8414e+0−	2.9293e+0−	3.2122e+0−	2.7877e+0 =	7.3713e+0−	**2.70e+00**
	8	5.2909e+0−	5.1074e+0−	5.4999e+0−	5.1151e+0−	5.0845e+0−	1.1876e+1−	**4.31e+00**
	10	7.2665e+0−	7.0774e+0−	9.1552e+0−	6.5875e+0−	7.1338e+0−	1.1054e+1−	**5.85e+00**
	15	1.5671e+1−	1.3765e+1−	2.6788e+1−	1.3812e+1−	1.4191e+1−	2.8124e+1−	**1.26e+01**

（续表）

测试函数	*M*	IMaOEA-IH-AS	IPMOEA	LLPDI-MOGA	IMaOEA-FPD	SPGA	IMaOEA-CEI-AD	IMaOEA-TSGI
InWFG7	4	1.3692e+0−	1.2011e+0−	1.6261e+0−	1.4192e+0−	1.1378e+0 =	4.9981e+0−	**1.13e+00**
	6	3.0963e+0−	2.9364e+0−	3.3846e+0−	2.8696e+0−	2.9594e+0−	9.7442e+0−	**2.53e+00**
	8	5.6551e+0−	5.5204e+0−	7.3639e+0−	4.9880e+0−	5.5774e+0−	1.4200e+1−	**4.10e+00**
	10	7.7043e+0−	7.5121e+0−	1.2599e+1−	6.4805e+0 =	7.7165e+0−	1.2996e+1−	**6.31e+00**
	15	1.6687e+1−	1.6321e+1−	2.6855e+1−	1.3554e+1 =	1.6484e+1−	2.9517e+1−	**1.33e+01**
InWFG8	4	1.4713e+0 =	1.4118e+0 =	2.0234e+0−	1.9028e+0−	**1.3322e+0** +	5.1565e+0−	1.48e+00
	6	3.1660e+0−	3.1050e+0−	3.5965e+0−	3.3071e+0−	3.0188e+0−	7.8167e+0−	**2.88e+00**
	8	5.5375e+0−	5.2888e+0−	7.5854e+0−	5.4646e+0−	5.4537e+0−	1.2627e+1−	**4.62e+00**
	10	7.4895e+0−	7.3501e+0−	1.1093e+1−	6.7132e+0−	7.5602e+0−	1.3677e+1−	**6.21e+00**
	15	1.5729e+1−	1.3699e+1−	2.6652e+1−	1.3558e+1−	1.4577e+1−	2.9396e+1−	**1.28e+01**
InWFG9	4	1.5496e+0−	1.2882e+0 =	1.2904e+0 =	1.5629e+0−	**1.2417e+0** +	5.4890e+0−	1.33e+00
	6	3.2127e+0−	3.0331e+0−	3.0061e+0−	3.0302e+0−	3.0396e+0−	8.7472e+0−	**2.67e+00**
	8	5.5973e+0−	5.4129e+0−	6.9196e+0−	5.1856e+0−	5.4790e+0−	1.2700e+1−	**4.47e+00**
	10	7.8217e+0−	7.5689e+0−	1.0164e+1−	6.6587e+0−	7.5445e+0−	1.1581e+1−	**6.30e+00**
	15	1.6489e+1−	1.6337e+1−	2.7448e+1−	1.3768e+1−	1.6003e+1−	2.7977e+1−	**1.27e+01**
+/−/=		6/27/2	7/26/2	1/33/1	2/28/5	9/24/2	1/32/2	—
Best/All		2/35	3/35	0/35	0/35	4/35	0/35	26/30

为了进一步分析表 6−6 中的结果，我们在表 6−7 中列出了 7 种算法在 InWFG 测试问题中 IIGD 值的排名统计结果，数值越大，表明算法的性能越好。对于 InWFG 测试问题而言，LLPDIMOGA、IMaOEA-FPD 和 IMaOEA-CEI-AD 的性能在任何测试问题上都没有优于其他 6 种算法，其在等级 1 上的数值是 0，表明这 3 种算法求解 InWFG 测试问题的性能在 7 种算法中是最差的。IMaOEA-TSGI 在等级 1 上的数值为 26，远远大于其他算法，表明 IMaOEA-TSGI 更适合求解 InWFG 测试问题。对于 35 个 InWFG 测试问题而言，IMaOEA-IH-AS、IPMOEA 和 SPGA 在等级 1 上的数值分别为 2、3 和 4，这表明在少数测试问题上，这 3 种算法具有一定的优势。综合来看，按等级 1 的数值统计排序，7 种算法的排名为：IMaOEA-TSGI>SPGA>IPMOEA>IMaOEA-IH-AS>LLPDIMOGA=IMaOEA-FPD=IMaOEA-CEI-AD。

表 6−7 7 种算法在 InWFG 测试问题中的 IIGD 值的排名统计

算　法	等级 1	等级 2	等级 3	等级 4	等级 5	等级 6	等级 7
IMaOEA-IH-AS	2	2	2	9	18	2	0

（续表）

算　法	等级 1	等级 2	等级 3	等级 4	等级 5	等级 6	等级 7
IPMOEA	3	6	19	7	0	0	0
LLPDIMOGA	0	4	2	1	1	25	2
IMaOEA-FPD	0	1	3	3	6	20	2
SPGA	4	11	3	5	7	5	0
IMaOEA-CEI-AD	0	0	0	1	0	2	32
IMaOEA-TSGI	26	0	4	2	2	1	0

表 6-8 给出了 IMaOEA-TSGI 与其他算法在 InWFG 测试问题上 IIGD 的 Wilcoxon 测试结果。明显地，IMaOEA-TSGI、SPGA、IPMOEA、IMaOEA-IH-AS、LLPDIMOGA、IMaOEA-FPD 和 IMaOEA-CEI-AD 的 Wilcoxon 测试结果均小于 0.05，这表明 IMaOEA-TSGI 与其他算法的 IIGD 结果具有明显差异。对于 7 种算法求解 InWFG 测试问题获得解集的不确定性而言，图 6-7 和图 6-8 分别展示了 7 种算法在不同目标数量的 InWFG3 和 InWFG9 上 IX 值的比较。容易看出，IMaOEA-FPD 在 4 个目标的 InWFG3 和 InWFG9 上，IX 指标均优于其他算法，而 IMaOEA-TSGI 在 6、8、10 和 15 个目标的 InWFG3 和 InWFG9 上的不确定性表现最优。从本节实验结果来看，在收敛性和多样性方面，除了 InWFG3、IMaOEA-TSGI 比其他 6 种算法能更有效地求解 InWFG 测试问题。而就不确定性而言，IMaOEA-TSGI 在大多数的测试问题上表现出更小的不确定性。综合而言，与其他 6 种算法相比，IMaOEA-TSGI 在求解 InWFG 测试问题上具有较大的优势。

表 6-8　IMaOEA-TSGI 与其他算法在 InWFG 测试问题上 IIGD 的 Wilcoxon 测试结果

IMaOEA_TSGI vs.	值
IMaOEA-IH-AS	2.07×10^{-4}
IPMOEA	3.53×10^{-4}
LLPDIMOGA	3.2151×10^{-7}
IMaOEA-FPD	2×10^{-6}
SPGA	1×10^{-3}
IMaOEA-CEI-AD	2.9477×10^{-7}

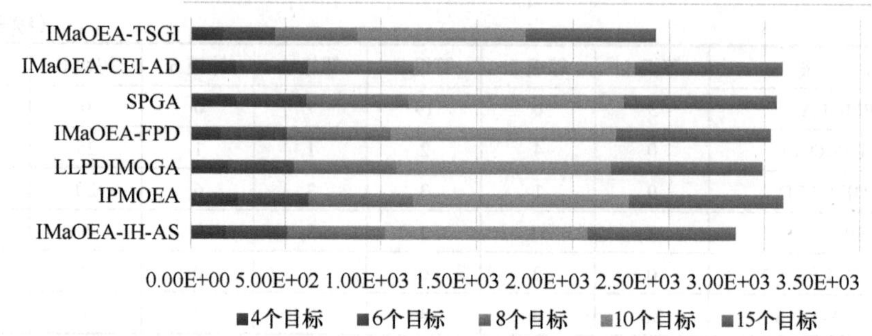

图 6-7　7 种算法在不同目标数量的 InWFG3 上的 IX 值比较（本图彩色版见本书彩插）

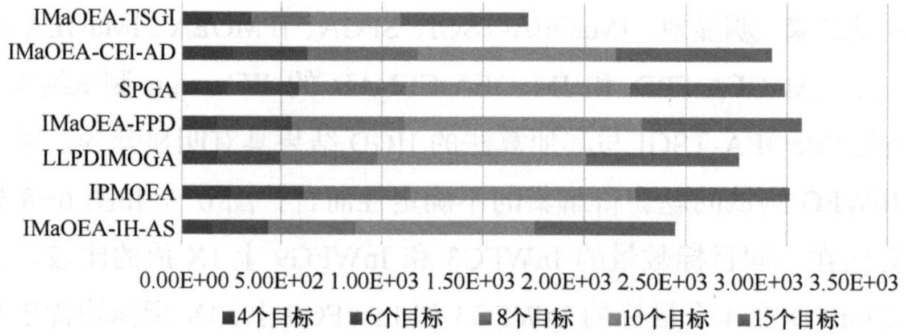

图 6-8　7 种算法在不同目标数量的 InWFG9 上的 IX 值比较（本图彩色版见本书彩插）

6.4.4　算法在 InMaOP 测试问题上的性能比较

表 6-9 给出了 IMaOEA-TSGI 与其他 6 种算法在 4、6、8、10 和 15 个目标的 InMaOP1～InMaOP9 测试函数上的 IIGD 结果。在 45 个 InMaOP 测试函数中，IMaOEA-TSGI 在 40 个测试函数中的性能优于其他算法。以性能最优的测试函数数量为准则，7 种算法排序为：IMaOEA-TSGI>LLPDIMOGA>IMaOEA-FPD > SPGA = IPMOEA = IMaOEA-IH-AS = IMaOEA-CEI-AD。InMaOP1 的难点在于 Pareto 最优前沿的形状，它具有大量的局部 Pareto 最优前沿和客观可扩展性。在 4 个目标上，IMaOEA- IH-AS、IPMOEA 和 LLPDIMOGA 与 IMaOEA-TSGI 的性能相似，而其他目标数量的 InMaOP1 均表现为 IMaOEA-TSGI 最优。由于 InMaOP2 的 Pareto 解集比较复杂，不同算法的优势程度不同。与 IMaOEA-FPD 相比，IMaOEA-TSGI 在 15 个目标的 InMaOP2 上比 IMaOEA-FPD 的性能差，在 6、8 和 10 个目标上收敛性和多样性的平衡性能大致相近，但明显优于其他 5 种算法。InMaOP3 和 InMaOP4 的特征相似，它们有复杂的 Pareto 解集，但也有偏差。

除 4 个目标的 InMaOP3 外，本章提出的 IMaOEA-TSGI 在其他目标数量上的表现均优于其他 6 种算法。InMaOP5、InMaOP6 与 InMaOP3 的不同之处在于目标函数之间具有高度相关性，因此搜索解集的难度增加。结果表明，IMaOEA-TSGI 对这三个测试函数的求解效率最高，而 LLPDIMOGA、IMaOEA-FPD 对部分测试函数的求解效率与其相似。

表 6-9 IMaOEA-TSGI 与其他 6 种算法在 InMaOP 测试问题上的 IIGD 结果比较

测试函数	*M*	IMaOEA-IH-AS	IPMOEA	LLPDI-MOGA	IMaOEA-FPD	SPGA	IMaOEA-CEI-AD	IMaOEA-TSGI
InMaOP1	4	4.6665e+1 =	4.9601e+1 =	4.4565e+1 =	5.0572e+1−	6.8674e+1−	5.4723e+1−	**4.72e+01**
	6	8.4922e+1−	9.3635e+1−	8.6880e+1−	8.2971e+1−	1.3454e+2−	1.0330e+2−	**7.79e+01**
	8	1.2327e+2−	1.4501e+2−	1.2934e+2−	1.2577e+2−	2.0420e+2−	1.5854e+2−	**1.15e+02**
	10	1.8212e+2−	2.0005e+2−	1.9465e+2−	1.8342e+2−	2.6556e+2−	2.0312e+2−	**1.68e+02**
	15	3.2335e+2−	4.7558e+2−	3.5077e+2−	3.2610e+2−	5.1284e+2−	3.7369e+2−	**3.10e+02**
InMaOP2	4	3.0939e+1−	3.8640e+1−	2.0924e+1−	1.1998e+1−	8.4643e+1−	3.0305e+2−	**6.57e+00**
	6	3.0400e+1−	3.7538e+1−	2.8351e+1−	1.4466e+1 =	5.1827e+1−	1.5487e+2−	**8.28e+00**
	8	3.3065e+1−	3.7100e+1−	3.5388e+1−	7.1197e+0 =	3.3993e+1−	1.3675e+2−	**6.18e+00**
	10	3.4507e+1−	2.9314e+1−	2.7068e+1−	1.6653e+1 =	2.6806e+1−	6.9052e+1−	**1.18e+01**
	15	3.8377e+1−	3.5702e+1−	4.0715e+1−	**3.3666e+0** =	4.5888e+1−	1.3526e+2−	5.28e+00
InMaOP3	4	6.5704e+1−	6.5917e+1−	6.5513e+1−	6.5379e+1−	6.9792e+1−	6.8665e+1−	**5.85e+01**
	6	8.1655e+1−	8.2757e+1−	8.1054e+1−	8.0760e+1−	8.4526e+1−	8.3947e+1−	**7.51e+01**
	8	9.8013e+1−	9.6762e+1−	9.7491e+1−	9.4946e+1−	9.9753e+1−	9.9324e+1−	**8.98e+01**
	10	1.1322e+2−	1.1160e+2 =	1.1107e+2 =	1.1015e+2 =	1.1388e+2−	1.1467e+2−	**1.09e+02**
	15	1.5354e+2−	1.5279e+2−	1.5517e+2−	1.3954e+2 =	1.5435e+2−	1.5614e+2−	**1.39E+02**
InMaOP4	4	8.4454e−1 =	1.3099e+0 =	**5.1845e−1** +	5.6269e−1−	9.6436e+1−	2.3304e+1−	1.02e+00
	6	9.7128e−1−	2.3863e+0−	8.8149e−1−	6.6789e−1−	8.5659e+1−	2.4738e+1 =	**1.08e−01**
	8	1.1317e+0−	3.1782e+0−	1.2269e+0−	8.2369e−1−	5.5966e+1−	2.5754e+1−	**1.08e−01**
	10	1.1608e+0−	1.6027e+0−	1.0590e+0−	8.8473e−1−	2.0373e+1−	2.4443e+0−	**1.01e−01**
	15	2.9749e+0−	6.2801e+0−	1.5494e+0−	1.3573e+0−	5.7021e+1−	1.2910e+1−	**1.17e+00**
InMaOP5	4	4.3120e+0−	6.0448e+0−	3.1310e+0−	3.2608e+0−	3.0906e+1−	1.8835e+1−	**1.74e+00**
	6	6.7471e+0−	8.6786e+0−	4.2265e+0−	5.1131e+0−	2.7986e+1−	1.0596e+1−	**2.91e+00**
	8	6.6008e+0−	1.0109e+1−	7.0495e+0−	4.9583e+0−	3.5845e+1−	8.1750e+0−	**2.90e+00**
	10	9.2868e+0−	1.0862e+1−	9.4852e+0−	7.5016e+0−	1.5759e+1−	1.4158e+1−	**5.52e+00**
	15	1.4401e+1−	1.8583e+1−	1.6790e+1−	7.7496e+0 =	7.2735e+1−	1.9765e+1−	**6.64e+00**

（续表）

测试函数	*M*	IMaOEA-IH-AS	IPMOEA	LLPDI-MOGA	IMaOEA-FPD	SPGA	IMaOEA-CEI-AD	IMaOEA-TSGI
InMaOP6	4	2.9593e+1−	7.8546e+0−	2.8625e+0 =	1.1428e+0 =	2.5782e+2−	9.6742e+1−	**1.02e+00**
	6	2.3696e+1−	9.2028e+0−	3.9126e+0 +	1.1007e+0 =	7.4153e+0 =	1.1046e+2−	**1.07e+00**
	8	3.8286e+1−	1.1257e+1−	7.7135e+0 =	1.3666e+0−	7.5200e+0 =	6.7240e+1 =	**1.29e+00**
	10	2.3412e+1 =	1.0474e+1−	7.8806e+0 =	2.3869e+0−	1.1831e+1−	3.7466e+1−	**1.26e+00**
	15	9.3716e+1−	1.9470e+1−	2.8507e+1−	1.7634e+0−	8.2365e+1−	1.2152e+2−	**1.13e+01**
InMaOP7	4	3.4163e+1−	7.7400e+1−	1.9536e+1 =	3.0754e+1−	1.5489e+2−	2.7959e+2−	**1.85e+01**
	6	3.6200e+1−	1.1270e+2−	2.7447e+1−	4.2691e+1−	5.9031e+2−	4.5424e+2−	**2.12e+01**
	8	5.5049e+1−	1.4572e+2−	7.5460e+1−	4.4733e+1−	7.5451e+2−	3.7612e+2−	**2.36E+01**
	10	9.9106e+1−	1.4379e+2−	1.0225e+2−	7.7188e+1−	7.6782e+2−	2.1377e+2−	**3.75e+01**
	15	6.9716e+1−	2.0072e+3−	**2.3822e+1** +	4.2242e+1 =	2.1385e+3−	3.6109e+2−	3.91e+01
InMaOP8	4	3.3215e+1−	7.8034e+1−	**1.7035e+1** =	3.5682e+1−	1.4247e+2−	3.1041e+2−	1.87e+01
	6	4.1455e+1−	1.1746e+2−	2.9746e+1−	3.8024e+1−	6.4677e+2−	4.7322e+2−	**2.25e+01**
	8	8.3512e+1−	1.3543e+2−	8.9619e+1−	4.7996e+1−	6.5163e+2−	3.8074e+2−	**2.40e+01**
	10	1.0638e+2−	1.5385e+2−	1.1167e+2−	8.2283e+1−	6.8939e+2−	1.8688e+2−	**4.78e+01**
	15	8.1457e+1−	1.9092e+3−	**2.5522e+1** +	4.0919e+1 =	2.2200e+3−	3.7567e+2−	3.44e+01
InMaOP9	4	3.7115e+1−	7.8188e+1−	1.9102e+1 =	3.5551e+1−	1.7784e+2−	3.1337e+2−	**1.53e+01**
	6	4.2773e+1−	1.1837e+2−	3.2855e+1−	4.6535e+1−	5.8516e+2−	4.4179e+2−	**2.15e+01**
	8	6.6460e+1−	1.3970e+2−	9.1122e+1−	4.2245e+1−	6.6052e+2−	4.1059e+2−	**2.16e+01**
	10	1.0198e+2−	1.4827e+2−	1.1394e+2−	7.5146e+1−	3.3821e+2−	1.8294e+2−	**4.12e+01**
	15	6.7002e+1−	1.5487e+3−	4.7876e+1 =	3.8210e+1 =	1.4895e+3−	3.4439e+2−	**3.78e+01**
+/−/=		0/42/3	0/42/3	3/33/9	0/33/12	0/43/2	0/43/2	—
Best/All		0/45	0/45	4/45	1/45	0/45	0/45	40/45

整体来看，本章提出的 IMaOEA-TSGI 可以为 InMaOP 测试问题提供收敛性和多样性俱佳的解决方案。表 6−10 给出的 7 种算法在 InMaOP 测试问题的 IIGD 值的排名统计进一步验证了 IMaOEA-TSGI 的优越性。

表 6−10　7 种算法在 InMaOP 测试问题的 IIGD 值的排名统计

算　法	等级 1	等级 2	等级 3	等级 4	等级 5	等级 6	等级 7
IMaOEA-IH-AS	0	3	18	16	3	5	0
IPMOEA	0	0	4	4	31	5	1
LLPDIMOGA	4	12	8	17	3	1	0

（续表）

算　法	等级 1	等级 2	等级 3	等级 4	等级 5	等级 6	等级 7
IMaOEA-FPD	1	13	10	3	0	0	0
SPGA	0	0	2	2	3	8	30
IMaOEA-CEI-AD	0	0	0	0	5	26	14
IMaOEA-TSGI	40	5	6	3	2	1	0

为了更直观地比较数值结果，表 6-11 给出了 IMaOEA-TSGI 与其他算法在 InMaOP 测试问题上 IIGD 的 Wilcoxon 测试结果。可以发现，LLPDIMOGA 、IMaOEA-FPD、SPGA、IPMOEA、IMaOEA-IH-AS 和 IMaOEA-CEI-AD 的值都小于 0.05，表明提出的算法明显优于这些算法。综合上述结果，可以得出结论，IMaOEA-TSGI 可以显著平衡收敛性和多样性。

表 6-11　IMaOEA-TSGI 与其他算法在 InMaOP 测试问题上 IIGD 的 Wilcoxon 测试结果

IMaOEA-TSGI vs	值
IMaOEA-IH-AS	9.4731×10^{-9}
IPMOEA	5.172×10^{-9}
LLPDIMOGA	3×10^{-6}
IMaOEA-FPD	2.3×10^{-6}
SPGA	5.1793×10^{-9}
IMaOEA-CEI-AD	5.1778×10^{-9}

6.5　小结

考虑到面对具有多个特征的优化问题时，几乎不可能存在一种算法获得的结果比其他所有的算法都好。对于一个高维多目标优化问题，从海量候选算法中挑选出一种高效的算法需要大量的时间及资源。针对该问题，本章尝试在进化过程的不同阶段，合理利用现有算法中的策略和机制，并通过多个算子相互协调、共同作用，提升进化算法的性能。首先，本章详细分析了区间高维多目标优化问题的相关特性、现有集成策略和博弈论与多目标优化之间的联系。然后，构建了匹配选择策略池和环境选择策略池，并结合博弈论机制，将进化种群视为博弈参与人，通过基于种群博弈的匹配选择算子，选择最高效益值的参与人进入下一阶段。接着，采用博弈论的波达计数选举机制，提出了基于波达计数的环境选择算子。结合以上两个算子，本章提出了 IMaOEA-TSGI。为了验证 IMaOEA-TSGI 的性能，将该算法与本书第 3～5 章的算法及其他先进的区间进化算法在 InDTLZ、InWFG 及 InMaOP 测试集上进行测试实验，并采用 IIGD 值作为评价指标进行评价，实验结果表明提出的 IMaOEA-TSGI 具有最优性能。

第三部分　应用篇

第 7 章

区间高维多目标进化算法在移动边缘计算卸载中的应用

7.1 引　言

云计算、大数据、物联网、工业物联网、5G 网络等新一代数字技术在行业应用中的大规模部署，使得边缘侧业务场景逐渐丰富。工业和信息化部研究数据显示，2020 年国内边缘计算市场规模达到 180 亿元，同比增长 55.39%，2021 年边缘计算市场规模达到 296 亿元。边缘侧业务根据流量、位置、时延等不同需求对整体网络部署架构提出了更高的要求，“边边协同”“边缘智能”均成为未来网络中的核心能力发展方向，云边端一体化的不断加深，重新定义了算力的服务方式。然而，在边缘计算和云计算网络中分布式数据中心的部署导致算力具有分布式特性，云—边缘—端的网络架构模式使得虚拟机算力深入传统网络无法触及的边缘侧业务中，这就需要在云计算+边缘计算网络框架中实现“云网融合，边边协同，边端协同”，保证算力服务最优化[124,125]。

云边端一体化将云计算、边缘计算及包含用户端口在内的各类网络资源深度融合到一起，并根据实际边缘侧任务部署情况将原本分散在边缘端、边缘节点、云数据处理中心的网络资源进行联合协同优化。该过程利用网络虚拟化技术将算力以服务的形式对用户开放，增加网络灵活性，提升网络的弹性和扩容能力，提高用户边缘侧业务的计算效率和网络的负载均衡程度。在合理利用算力资源的同时，保证整个云边端协同网络的性能与稳定性。

实际上，边缘节点之间、边缘节点与用户之间的协同卸载优化中，网络设备、资源使用情况、网络高峰时间、网站服务能力等因素的变化规律具有较大差异。在任务执行过程中，存在网络带宽和每秒钟执行的百万指令数呈现波动状态等问题，仅采用定量的目标来描述系统的运行状态显然不够，还需要从多维度、多视角对系统的运行状态进行定性研究。云边端协同计算卸载优化是一个典型的调度问题，不确定因素可能导致网络资源呈现波动状态，进而直接影响任务的执行时间、完成时间，进一步影响算力服务成本。基于上述考虑，本章主要在移动边缘计算中，研究不确定环境下的云边端协同计算卸载优化模型和求解方法。

7.2 不确定环境下的计算卸载研究概况

物联网是新一代信息技术的重要组成部分。随着物联网的广泛应用，虚拟现实[126]、增强现实[127]、无人驾驶等各种应用都对时延和计算能力提出了要求[128-130]。高资源要求的移动应用和资源有限的边缘智能设备之间的冲突、边缘智能设备有限的计算能力和电池寿命，使得其在处理计算密集型和时延敏感的任务时面临挑战，严重影响了应用程序在智能设备上的运行效率和移动用户体验。为了解决以上问题，许多专家提出了移动边缘计算卸载技术。

移动边缘计算主要是将计算资源部署在移动网络边缘，为物联网[131]提供服务环境和云计算能力，从而为用户提供超低时延和高带宽的网络服务。计算卸载技术将边缘智能设备的部分或全部计算任务转移到边缘计算中心，缓解物联网在资源存储、计算性能和能源效率等方面存在的不足。然而，由于无线信道状态的不确定性、任务需求的动态性、解空间的可扩展性等因素，移动边缘计算卸载问题面临巨大的挑战[132,133]。

近年来，关于使用计算卸载技术解决边缘物联网中资源分配问题的研究成果非常丰富，但考虑不确定性环境的相关成果相对较少[134]。为了解决边缘节点性能的不确定性，Hao 等[135]设计了一种结合软件定义网络和边缘计算的卸载方法。Chang 等[136]提出了一种能量受限的卸载算法，以解决连续物联网应用中最小化平均响应时间的问题。该算法考虑了用户操作次数和 CPU 周期的不确定性，已成功应用于电子商务中的卸载决策。Wei 等[137]将资源分配问题定义为随机优化问题，并提出了一种高效的动态卸载算法。该算法在保证队列不变的同时，消耗的能量更少。在实际物联网应用中，不可能以恒定带宽进行计算卸载。Bhooanusas 等[138]建立了一个分析模型，预测了 Wi-Fi 网络的不确定性带宽。除此之外，一些研究者利用模糊不确定性来解决物联网中的资源分配问题。Meena 等[139]利用模糊方法对任务进行分解，并结合简化的群优化方法，针对服务器处理速度和计算能力的差异，实现最优的多站点卸载。在车载雾计算环境下，Vemireddy 等[140]提出了一种基于模糊强化学习方法的节能车辆调度算法。Hossain 等[141]引入了模糊决策，并提出了协同任务卸载管理系统，以满足物联网应用中不确定的用户需求。Nguyen 等[142]在物联网中提出了一种灵活的模糊计算卸载方法，考虑了计算资源和任务需求等因素，在一定程度上提高了物联网应用中计算资源管理的效率。

上述方法大多数采用随机变量、模糊变量来表示计算卸载中的不确定因素[143,144]。在实际工程问题中，求得变量的变化范围比求得变量的概率分布或隶属度函数[145]容易。因此，不确定性区间优化方法更适用于通过计算卸载来解决物联网中的资源分配问题。对于计算卸载的需求通常是时延降低、能耗降低、服务成本降低等，因此该问题是一个高维多目标优化问题。EA 作为一种启发式搜索算法，具有通用性强、独立于函数模型的优点，因此广泛应用于求解各种优化问题[146,147]。本章将移动边缘计算卸载问题建模为区间不确定高维多目标组合优化问题，以计算成本、能耗、时延、边缘节点平均负载为目标函数，优化决策变量序列，建立了功率分配与任务卸载的区间多目标联合优化模型，并使用第 3～6 章的算法来求解该模型。

7.3 计算卸载问题描述

本节主要分析移动边缘计算卸载中需要考虑的问题，具体内容如下：

（1）在移动边缘计算卸载过程中，移动设备通过无线信道将卸载任务传递给边缘服务器，移动设备移动时无线信道状态发生变化。在数据传输过程中，需要根据移动设备的信道特性设置合理的传输速率。这样能兼顾网络吞吐量和接收成功率。基于功率域的非正交多址（NOMA）技术作为新一代移动通信接入技术，可以满足物联网中多用户复用同一时频资源的需求。这样不仅可以增加用户的访问次数，还可以提高频谱资源的利用率。NOMA 技术可以帮助解决在面临大规模设备连接需求和高质量通信需求挑战时的计算卸载问题。不过，串行干扰消除的性能与功率分配密切相关。分配给每个用户的功率对 NOMA 系统的数据传输速率有直接影响。在基于边缘的物联网中，最小化能源消耗和最大化系统速率的关键问题之一是如何分配 NOMA 功率。

（2）在计算卸载过程中，一些不确定因素也应该被综合考虑。由于边缘服务器在物联网中接收了大量的计算任务，不同移动用户之间会有激烈的资源竞争。当计算需求超过边缘服务器的承载能力时，就会出现网络拥塞和数据丢失。此外，由于无线频谱资源有限，用户与边缘计算之间的无线传输链路的连通性和信道状态会发生波动。在这种情况下，无法在整个计算卸载过程中保持恒定的网络带宽。由于移动设备的动态性，这些任务需求将根据地理位置、与边缘服务器的距离和数据卸载速率等因素而变化。因此，在计算卸载建模中如何描述不确定因素，使其接近实际的物联网应用场景是第二个关键问题。

（3）现阶段，移动边缘计算卸载决策中的主要目标包括：计算时延、计算能耗及两者之间的平衡。研究者针对图像识别、游戏、人脸识别等实际物联网应用，通过仿真建模抽象出具体的数学模型[148]，并使用各种优化策略来验证优化结果。例如，文献[149,150]对时延和能耗进行线性加权，称为系统效用，并将其作为单个目标建模求解。但是，对于不同的决策者来说，每个模型的权重很难确定，即不能为大多数决策者提供满意的卸载解决方案。此外，除了时延和能耗，成本和资源负载也是需要考虑的重要目标。高性能边缘服务器完成任务的时间可能更短，但成本相对较高。此外，将大量任务卸载到边缘服务器可能导致负载不均衡。在较大的服务器上完成任务需要更长的时间。因此，第三个关键问题是开发一种计算卸载策略，该策略考虑到计算成本、时延、负载均衡和能耗四个关键目标，并能为大多数决策者提供决策支持。

基于以上讨论，有必要建立一个综合考虑信道功率、计算资源、网络资源等各种资源的计算卸载优化决策模型，图 7-1 所示为建立计算卸载优化决策模型需要考虑的多方面因素。

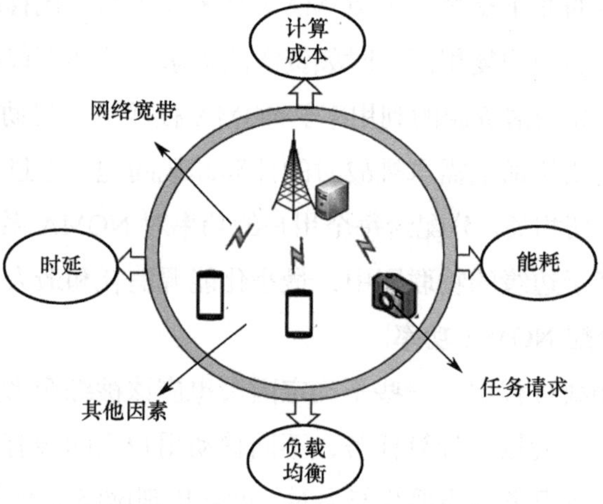

图 7-1　建立计算卸载优化决策模型需要考虑的多方面因素

7.4　功率分配与任务卸载的区间多目标联合优化模型

7.4.1　系统模型

如图 7-2 所示，本章考虑了一个具有多移动设备（Mobile Device，MD）和多服务器的移动边缘计算（Mobile Edge Computing，MEC）系统。整个 MEC 系统由三部分组成。首先，在计算请求阶段，物联网（IoT）移动设备生成任务请求，其设备上的应用控制器将任务请求发送到周围的服务器并访问数据基站。应用程序接收响应并将结果传回移动设备。然后，在 MEC 网络环境阶段，每隔 t 个时间段，移动设备的位置会发生变化，此时在边缘服务器覆盖范围内，为移动设备提供一些网络参数（如带宽、信道等）。最后，根据前两个阶段提供的信息，我们构建一个卸载决策模型，并提出一种高效的在线决策算法来辅助决策。三个阶段循环交替为处于移动状态的物联网设备提供卸载策略。接下来，我们详细介绍 MEC 系统模型。

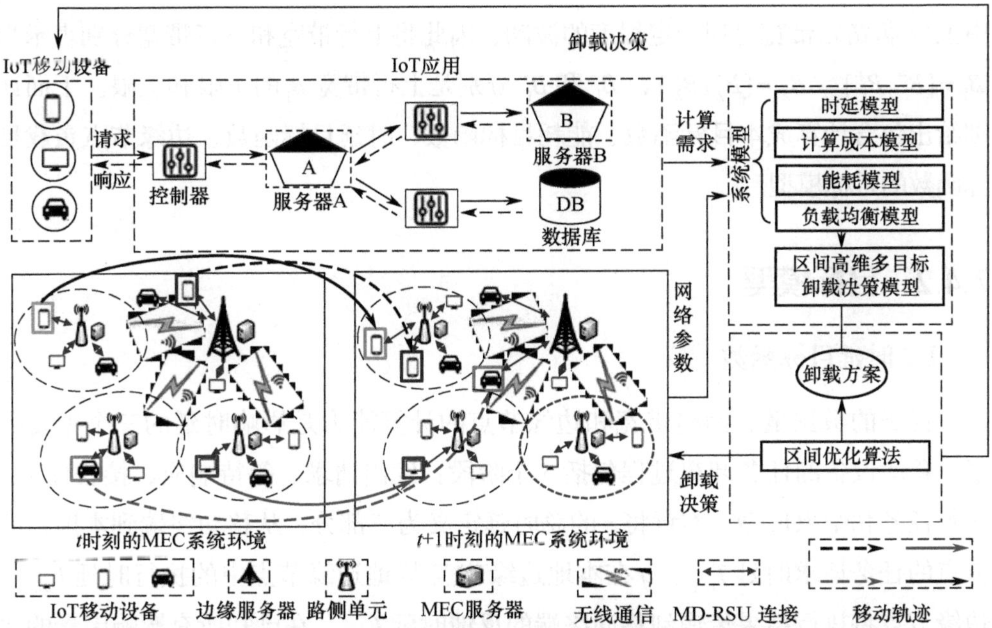

图 7–2 具有多移动设备和多服务器的 MEC 系统

在三层移动边缘网络体系结构中，我们考虑了一个由宏基站（Macro Base Station，MBS）、一组路侧单元（Road Side Unit，RSU）和许多移动设备（如智能手机、计算机和智能汽车）组成的 MEC 系统。在该系统中，为每个 RSU 和 MBS 都配备了一台具有计算能力的 MEC 服务器，MEC 服务器通过 RSU/MBS 提供的无线信道与移动设备通信，并提供卸载服务。在 MBS/RSU 覆盖范围内，移动设备是随机分布的。我们将移动设备和 MEC 服务器的集合分别表示为 $E=\{1,2,\cdots,e\}$ 和 $U=\{1,2,\cdots,u\}$。移动设备通过基于 NOMA 的通信技术访问 RSU。根据任务卸载请求，MBS 负责分配适当的信道功率给移动设备，最大信道功率 $p_{\max}$ 设置为 10W。每个移动设备都有一个计算任务，需要在特定的时间范围内完成，标记为 q。值得注意的是，本系统模型中的所有任务都是原子的，不能划分为子任务。该任务由五个参数组成，即 $q=\{w,I,O,\mathrm{itd},\mathrm{tol}\}$。其中，$I$ 和 O 分别为移动设备向 MEC 服务器传输任务的输入数据大小和 MEC 反馈回来的输出数据大小。w 为完成任务 q 所需的计算资源。每个任务都需要在特定的时间范围内完成，itd 表示完成任务适当的时延，tol 表示可容忍的时延。在任务传输过程中，由于通信环境网络设备数量、资源使用情况、网络高峰时段、网站服务能力等不确定因素的影响，在计算卸载中上/下行链路带宽呈现一定程度的波动，因此将上行带宽和下行带宽分别表示为 $B_1=[B_1^-,B_1^+]$，$B_2=[B_2^-,B_2^+]$，B_1^- 和 B_1^+ 分别是上行带宽 B_1 的下限和上限。下面详细给出包含计算成本目标函数、能耗目标函数、时延目标函数、边缘节点负载目标函数的目标模型。

7.4.2 目标模型

1. 时延目标函数

任务的数据量、网络带宽和边缘节点的计算能力是影响时延的三个重要因素。移动设备的任务卸载过程包括 5 个阶段：发出请求、等待响应、接收任务、执行任务和结果反馈。本章将 q 的总时延定义为三部分：从移动终端到本地边缘节点的任务请求时延 T_{req}、q 在本地边缘节点/异地边缘节点中的执行时延 T_{exe}、边缘节点将执行结果传输到移动终端的反馈时延 T_{back}。在已知所有影响因素的情况下，可以通过请求时延 T_{req}、执行时延 T_{exe} 和反馈时延 T_{back} 的累积和来计算总的时延，即

$$f_1=\max_{i=1}^{N}(T_{\mathrm{req}_i}+T_{\mathrm{exe}_i}+T_{\mathrm{back}_i}) \tag{7.1}$$

其中，i 和 N 分别表示当前任务数和最大任务数。

然而，由于无线频谱资源的限制，移动设备与 RSU/MBS 之间的无线传输链路的连通性和信道状态会发生波动。移动设备位置的变化导致移动设备与 RSU 之间的通信距离增大。移动设备请求数量的增加和资源抢占的加剧，会导致网络速度下降。相反，在任务稀疏的情况下，网络速度相应提高。因此，请求时延和反馈时延会随着网络带宽的波动而变化。此外，RSU 同时接收多个卸载请求会导致所需性能和计算能力的波动。我们采用区间参数来量化网络带宽、任务请求等不确

定因素。移动设备向同一区域的 RSU 传输数据，可能会造成信号干扰。

此外，在该模型中，请求时延 T_{req} 基于移动设备向 MEC 服务器传输任务的输入数据大小、上行带宽等因素进行计算，反馈时延 T_{back} 则依据移动设备接收 MEC 服务器反馈的输出数据大小、下行带宽等因素进行估算。同时，计算请求时延 T_{req} 和反馈时延 T_{back} 时均考虑了单位距离下移动设备和 RSU 之间的信道功率增益 $g_i(t)$ 和传输过程中的功率噪声 δ 。具体的计算公式如下：

$$T_{\text{req}_i}=[T_{\text{req}_i}^-,T_{\text{req}_i}^+]=I_i\,/\,\frac{[B_1^-,B_1^+]\cdot p_i(t)\cdot g_i(t)}{\delta+\sum_{i'}^{U}{}_{i'\neq i}\,p_{i'}(t)g_{i'}(t)},\ \text{s.t. } p_i(t)<p_{\max} \tag{7.2}$$

$$T_{\text{back}_i}=[T_{\text{back}_i}^-,T_{\text{back}_i}^+]=O_i\,/\,\frac{[B_2^-,B_2^+]\cdot p_i(t)\cdot g_i(t)}{\delta+\sum_{i'}^{U}{}_{i'\neq i}\,p_{i'}(t)g_{i'}(t)} \tag{7.3}$$

$$g_i(t)=\begin{cases} g_0\,/\,((x_i(t)-x_n)^2+(y_i(t)-y_n)^2+K_1{}^2),\ s=0 \\ g_0'\,/\,((x_i(t)-x')^2+(y_i(t)-y')^2+K_2{}^2),\ s=1 \end{cases} \tag{7.4}$$

其中，MBS 和 RSU 用 0-1 编码标记。$s=0$ 表示移动设备将任务卸载给 RSU，而 $s=1$ 表示移动设备将任务卸载给 MBS。$p_i(t)$ 为上行链路任务 i 的发射功率。g_0 和 g_0' 分别表示 RSU 和 MBS 本身的噪声。$(x_i(t),y_i(t))$ 为第 i 个移动设备的地理位置，(x_n,y_n) 为 MBS 的地理位置，K_1 和 K_2 分别表示 MBS 和 RSU 的高度。

执行时延由完成该任务所需的计算资源（计算量）和 MBS 或 RSU 的计算能力决定。在整个计算卸载过程中，任务要求是不确定的。$w_{q_i}=[w_{q_i}^-,w_{q_i}^+]$ 表示完成该任务所需的计算量，$w_{q_i}^-$ 和 $w_{q_i}^+$ 分别表示完成该任务所需计算量的下限和上限。

$$T_{\text{exe}_i}=[T_{\text{exe}_i}^-,T_{\text{exe}_i}^+]=\begin{cases}[w_{q_i}^-,w_{q_i}^+]\,/\,P_{\text{RSU}_i},\ s=0 \\ [w_{q_i}^-,w_{q_i}^+]\,/\,P_{\text{BS}},\ \ s=1\end{cases}\quad (\text{s.t. } P_{\text{RSU}_i}<P_{\text{BS}}) \tag{7.5}$$

其中，P_{RSU_i} 和 P_{BS_i} 分别表示 RSU 和 MBS 的计算能力。

综合以上各项因素，时延目标函数如下：

$$f_1=[f_1^-,f_1^+]=\max_{i=1}^{N}([T_{\text{req}_i}^-,T_{\text{req}_i}^+]+[T_{\text{exe}_i}^-,T_{\text{exe}_i}^+]+[T_{\text{back}_i}^-,T_{\text{back}_i}^+]) \tag{7.6}$$

2．能耗目标函数

移动设备存储的能量有限且需频繁充电，这对物联网架构而言是一个挑战。计算量越大的任务从移动设备传输到边缘设备，传输能耗越低，电池寿命越长。但是，整个系统的能耗并不局限于移动设备。MBS 和 RSU 在执行任务时也会产生一定的能耗。考虑到数据传输速率、无线信道功率等因素，任务请求的能耗包括两个部分：传输能耗和执行能耗。本章将任务请求的传输能耗定义为 E_{off} 。将任务请求的执行能耗定义为 E_{exec} ，即本地边缘节点和异地边缘节点的平均能耗。

$$f_2=[f_2^{-},f_2^{+}]=\sum_{i=1}^{N}([E_{\text{off}_i}^{-},E_{\text{off}_i}^{+}]+[E_{\text{exe}_i}^{-},E_{\text{exe}_i}^{+}]) \tag{7.7}$$

$$E_{\text{off}_i}=[E_{\text{off}_i}^{-},E_{\text{off}_i}^{+}]=p_i(t)\cdot([T_{\text{req}_i}^{-},T_{\text{req}_i}^{+}]+[T_{\text{back}_i}^{-},T_{\text{back}_i}^{+}]) \tag{7.8}$$

$$E_{\text{exe}_i}=[E_{\text{exe}_i}^{-},E_{\text{exe}_i}^{+}]=\begin{cases}R_{\text{RSU}}\cdot T_{\text{exe}_i},\ s=0\\ R_{\text{BS}}\cdot T_{\text{exe}_i},\ s=1\end{cases} \tag{7.9}$$

$$\text{s.t.}\ \sum_{q\in Q}R_{\text{RSU}}\leqslant R_{\text{BS}}\ \ \forall n\in M,\ R_{\text{RSU}}>0 \tag{7.10}$$

其中，R_{RSU} 和 R_{BS} 分别为 RSU 和 MBS 的单位时间执行能耗。

3．计算成本目标函数

在整个系统模型中，使用一组 RSU 和 MBS 来处理移动设备卸载任务。计算成本受时延和能耗的影响，但与它们不是正相关的。RSU 在计算能力、计算资源和价格上存在差异。拥有大量计算能力和资源的 RSU，执行任务所需的时间相对较少，但执行任务的成本相对较高。此外，卸载任务的及时性与计算成本密切相关。每个移动设备发送一个任务请求，有一个理想的和可容忍的任务完成时延。由于网络带宽不确定的影响，时延目标函数也是区间数，因此需要对时效性进行各种情况的划分。当任务 i 的最大时延小于理想时延时，时间代价 K_i 被设置为 φ_1 。当任务 i 的最小时延大于可容忍时延时，时间代价为 φ_2 。在其他情况下，通过设置一个权重惩罚参数来衡量整个系统模型的时效性。具体地，时效性计算如下：

$$K_i = \begin{cases} \varphi_1, & T_i^+ \leqslant \text{itd}_i \\ \left(\dfrac{\text{itd}_i - T_i^-}{T_i^+ - T_i^-} + \gamma \cdot \dfrac{T_i^- - \text{itd}_i}{\text{tol}_i - \text{itd}_i}\right) \cdot \varphi_2, & \text{itd}_i \in [T_i^-, T_i^+] \\ \left(\dfrac{\text{itd}_i - T_i^-}{T_i^+ - T_i^-} + \gamma \cdot \dfrac{T_i^+ - T_i^-}{\text{tol}_i - \text{itd}_i}\right) \cdot \varphi_2, & \text{itd}_i, \text{tol}_i \in [T_i^-, T_i^+] \\ \gamma \cdot \dfrac{\text{tol}_i - T_i^-}{\text{tol}_i - \text{itd}_i} \cdot \varphi_2, & \text{tol}_i \in [T_i^-, T_i^+] \\ \varphi_2, & T_i^- > \text{tol}_i \end{cases} \tag{7.11}$$

$$f_3 = [f_3^-, f_3^+] = \sum_{i=1}^{N} \mu \cdot K_i + \tau \cdot [E_{\text{exe}_i}^-, E_{\text{exe}_i}^+] \tag{7.12}$$

其中，γ 是权重惩罚参数；μ 和 τ 为自定义常数，分别表示单位时间成本和能耗成本。$T_i = [T_i^-, T_i^+]$ 表示第 i 个移动设备完成任务所需的时延，其中 T_i^- 为时延下限，T_i^+ 为时延上限。

4．边缘节点负载目标函数

在 MEC 的整个任务卸载过程中，卸载到 RSU 和 MBS 的任务量是不同的。当大规模的移动设备进行任务请求时，需要考虑资源的负载均衡问题，这关系到 MEC 系统的整体性能。由于边缘节点资源有限，大量的任务请求会使边缘节点过载，导致任务执行效率大幅下降。标准偏差用于测量系统负载，标准偏差小表示 MEC 负载均衡，其数学模型如下：

$$f_4 = [f_4^-, f_4^+] = \frac{1}{M} \sum_{k=1}^{M} \sum_{i=1}^{L} ([w_{i,k}^-, w_{i,k}^+] - L_{\text{ave}})^2 \tag{7.13}$$

$$L_{\text{ave}} = \frac{\sum_{k=1}^{M} \sum_{i=1}^{N} [w_{i,k}^-, w_{i,k}^+]}{M+1} \tag{7.14}$$

其中，M 为分配给第 i 个 RSU 的任务数。

综上所述，本章将不确定环境下计算卸载问题的不确定因素用区间参数表示。综合考虑计算成本、时延、能耗和负载等因素，建立了区间高维多目标的协同计算卸载优化模型。具体计算方法由公式（7.15）给出。其中，p_i 为 MBS 分配给移动设备的信道功率，最大信道功率 $p_{\max}$ 设为 10W。本章提出的区间高维多目标的协同计算卸载优化模型如下：

$$
\text{Objectives.}\begin{cases}
\min[f_1^-,f_1^+]=\max\limits_{i=1}^{N}([T_{\mathrm{req}_i}^-,T_{\mathrm{req}_i}^+]+[T_{\mathrm{exe}_i}^-,T_{\mathrm{exe}_i}^+]+[T_{\mathrm{back}_i}^-,T_{\mathrm{back}_i}^+]) \\
\min[f_2^-,f_2^+]=\sum\limits_{i=1}^{N}([E_{\mathrm{off}_i}^-,E_{\mathrm{off}_i}^+]+[E_{\mathrm{exe}_i}^-,E_{\mathrm{exe}_i}^+]) \\
\min[f_3^-,f_3^+]=\sum\limits_{i=1}^{N}\mu\cdot K_i+\tau\cdot[E_{\mathrm{exe}_i}^-,E_{\mathrm{exe}_i}^+] \\
\min[f_4^-,f_4^+]=\dfrac{1}{M}\sum\limits_{k=1}^{M}\sum\limits_{i=1}^{L}([w_{i,k}^-,w_{i,k}^+]-L_{\mathrm{ave}})^2
\end{cases}
$$

$$
\begin{aligned}
&\min\ F(x)=\{f_1,f_2,f_3,f_4\}\\
&\text{s.t.}\,0<p_i<p_{\max}\\
&\quad n+1<u\\
&\quad T_{i_q}\leqslant T_{or_q}\\
&\sum_{n\in N}s\leqslant n+1\quad \forall q\in Q,\ s\in\{1,2,3,\cdots,n,n+1\}\\
&\sum_{q\in Q}P_{\mathrm{mirco}_n}\leqslant P_{\mathrm{marco}}\quad \forall n\in N,\ P_{\mathrm{mirco}}>0
\end{aligned}
\tag{7.15}
$$

7.5 实验结果与分析

为了验证第 3～6 章提出算法的性能，将 IMaOEA-FPD、IMaOEA-IH-AS、IMaOEA-CEI-AD 和 IMaOEA-TSGI 应用于功率分配与任务卸载的区间多目标联合优化模型进行仿真实验，并与其他先进的区间进化算法进行比较。

7.5.1 仿真实验平台及参数设置

1. 实验平台及环境介绍

仿真实验的主要硬件配置如表 7-1 所示。实验平台通过服务器提供平台控制节点，并通过虚拟化技术，将计算节点的物理服务器中的计算资源、存储资源和网络资源等进行整合，形成统一的逻辑资源池。

表 7-1 仿真实验的主要硬件配置

名 称	主要硬件配置
服务器	CPU 2.2GHz/10 核心 20 线程×2；内存 256GB；1.2TB 12Gbit/s SAS 10K ×6；双电源；万兆 SFP+接口×2+4×RJ45（含 2 块多模万兆光模块）
SDN 万兆交换机	24×10Gbit/s SFP+接口；支持 L2/L3 支持 Vxlan
处理器	Intel Atom C3558 处理器；4 核心 4 线程 8MB-2.20 GHz
内存	8×DDR4-2133 Long-DIMM ECC 内存，最大 128GB 2×10Gbit/s SFP+
网络特性	6×1000Mbit/s 电口；1×LAN controller: Intel® i350-AM4 1×Wi-Fi 模块
存储	500GB 硬盘；8GB eMMC（可升级到 16GB） 1×2.5 SATA HDD/SSD

2. 实验参数设置

实验中，将卸载请求任务的数量设置为 100、200 和 300，为更好地分析系统性能，在不同的任务数量下，设置了不同数量的边缘节点，分别为 10、20 和 30，从而更好地模拟密集型任务和稀疏型任务。模型的其他参数设置如表 7-2 所示。

表 7-2 模型的其他参数设置

参 数 名 称	值
通信范围	2×2km
移动设备数量 E	{100, 200, 300}
微基站数量 U	{10, 20, 30}
最大信道功率 p_{max}	10W
宏基站数量	1
RSU 的固定高度 K_1/m	20
MBS 的固定高度 K_2/m	30
上行带宽 B_1/(Mbit/s)	[1×105, 3×10]
下行带宽 B_2/(Mbit/s)	[5×10, 8×10]
完成 1 个任务所需计算资源/MHz	[1000,2000]
输入数据大小 I/KB	[500,1000]
输出数据大小 O/KB	[1000,3000]
理想时延 itd/ms	[0.66, 0.75]
可容忍时延 tol/ms	[0.45, 0.65]
传输过程中的功率噪声 δ /dBm	−100
信道功率增益 $g_i(t)$	0.2～0.4
RSU 的计算能力 P_{RSU_i} /GHz	50
MBS 的计算能力 P_{BS_i} /GHz	120

3．算法参数设置

本章实验采用第 3～6 章提出的算法进行模型求解，算法相关参数与前面章节相同，这里不再赘述。

7.5.2 本书 4 种算法求解该模型的结果与分析

表 7–3、表 7–4 分别给出了本书提出的 4 种算法 IMaOEA-IH-AS、IMaOEA-FPD、IMaOEA-CEI-AD 和 IMaOEA-TSGI 在不同任务数量下，微基站数量分别为 10、20 和 30 时的区间目标函数值。其中，加粗字体标记了每个目标函数中最优的区间下限和上限。从表 7–3 可以发现，随着任务数量的增加，模型的时延、计算成本、节点的负载和能耗 4 个目标值均逐渐增大。当任务不密集时，IMaOEA-FPD 求解模型的性能优于其他三种算法，当任务数量逐渐增加时，IMaOEA-TSGI 在计算成本和节点的负载两方面表现出较大的优势。具体来看，IMaOEA-IH-AS 在 100 个任务下负载的下限在 4 种算法中是最小的，在 300 个任务下获得的最低时延低于其他三种算法，其余情况下的表现处于劣势。IMaOEA-FPD 在任务数量较多的情况下，在 4 个目标上均获得了较好的表现，但时延的不确定度要大于 IMaOEA-TSGI。另外，IMaOEA-CEI-AD 在 200 和 300 个任务下的最高时延分别为 48.53ms 和 58.66ms，与其他三种算法相比是最优的。整体来看， IMaOEA-TSGI 可以为微基站数量为 10，任务数量为 100、200 和 300 情形下的功率分配与任务卸载的区间多目标联合优化模型提供成本较低、负载较均衡的卸载方案。

表 7–3 U=10 时 4 种算法在不同任务数量下的区间目标函数值

任务数量	算　法	时延/ms	计算成本/元	负载/(Mbit/s)	能耗/(kW · h)
100	IMaOEA-IH-AS	[11.734，34.375]	[113.08，314]	[0.70849，**2.9652**]	[1049.6，3058.5]
	IMaOEA-FPD	[**10.859**，31.988]	[**84.028**，**256.22**]	[**0.70221**，3.0504]	[**847.09**，**2469**]
	IMaOEA-CEI-AD	[26.41，61.21]	[143.61，351.35]	[26.924，67.704]	[1085.4，3162.8]
	IMaOEA-TSGI	[15.34，**24.822**]	[133.71，372.59]	[1.4913，5.0258]	[1244.1，3633]
200	IMaOEA-IH-AS	[20.709，62.808]	[489.96，1349.9]	[8.7968，35.787]	[4475.8，13075]
	IMaOEA-FPD	[24.353，71.567]	[398.53，1073.5]	[12.484，47.909]	[3521.7，11972]
	IMaOEA-CEI-AD	[37.95，**48.53**]	[600.23，1646.7]	[33.477，92.864]	[5447.5，15912]
	IMaOEA-TSGI	[**22.652**，66.526]	[**351.99**，**820.6**]	[**5.7702**，**29.534**]	[**4039.4**，**10726**]

（续表）

任务数量	算 法	时延/ms	计算成本/元	负载/(Mbit/s)	能耗/(kW·h)
300	IMaOEA-IH-AS	[**25.821**，70.274]	[1029.9，3807.2]	[34.989，160.5]	[9303.3，27076]
	IMaOEA-FPD	[23.852，75.246]	[979.07，3658]	[33.799，156.08]	[**8752.6**，25542]
	IMaOEA-CEI-AD	[45.16，**58.66**]	[1184.6，3193.6]	[54.15，169.18]	[10474，30564]
	IMaOEA-TSGI	[41.884，112.65]	[**842.1**，**3128.8**]	[**24.22**，**125.35**]	[10347，**20214**]

表 7-4 U=20 时 4 种算法在不同任务数量下的目标函数值

任务数量	算 法	时延/ms	计算成本/元	负载/(Mbit/s)	能耗/(kW·h)
100	IMaOEA-IH-AS	[**20.715**，**59.535**]	[131.81，365.31]	[0.61043，1.8336]	[1215.9，3550.8]
	IMaOEA-FPD	[36.157，99.008]	[113，378.26]	[2.1977，5.1133]	[**1019.9**，**2972.5**]
	IMaOEA-CEI-AD	[21.26，78.19]	[148.53，391.09]	[17.129，35.682]	[1260.9，3686.6]
	IMaOEA-TSGI	[23.31，67.964]	[**104.11**，**301.23**]	[**0.40357**，**1.7681**]	[1236.3，3607.5]
200	IMaOEA-IH-AS	[51.94，132.05]	[517.06，1412.3]	[4.3933，14.937]	[4668.9，13621]
	IMaOEA-FPD	[58.845，173.92]	[492.76，1342.6]	[4.7644，16.891]	[**4432.6**，12931]
	IMaOEA-CEI-AD	[196.72，471.47]	[539.36，1442.7]	[17.792，43.386]	[4710.1，13744]
	IMaOEA-TSGI	[**45.239**，**127.55**]	[**490.04**，**1341.7**]	[**4.3408**，**14.632**]	[4451.4，**12909**]
300	IMaOEA-IH-AS	[81.201，233.71]	[**1130.7**，3676.1]	[11.517，49.77]	[10144，29598]
	IMaOEA-FPD	[75.61，204.79]	[1056.9，2867.2]	[11.938，48.428]	[**9435.6**，27538]
	IMaOEA-CEI-AD	[198.84，510.24]	[1191.9，3228.8]	[21.647，67.852]	[10611，30980]
	IMaOEA-TSGI	[**44.54**，**135.96**]	[1163.6，**2174.1**]	[**9.6566**，**45.588**]	[10483，**28587**]

由表 7-4 可知，IMaOEA-TSGI 在 4 种算法中表现出较强的竞争力。在 100 个任务下在时延、计算成本、负载和能耗方面表现最优的算法分别是 IMaOEA-IH-AS、IMaOEA-TSGI、IMaOEA-TSGI 和 IMaOEA-FPD，其中 IMaOEA-CEI-AD 没有获得优势。对于 200 个任务，虽然 IMaOEA-FPD 获得的最小能耗是最优的，但其与 IMaOEA-TSGI 仅仅相差 20 左右。同样，在 300 个任务下，即使 IMaOEA-TSGI 在最小成本和最低能耗方面表现不是最优的，但是与 IMaOEA-IH-AS 和 IMaOEA-FPD 的差距较小。因此，我们可以得出结论，IMaOEA-TSGI 可以为微基站数量为 20，任务数量为 100、200 和 300 情形下的计算卸载模型提供时延较低、成本较低、负载较均衡和能耗相对较少的卸载方案。

7.5.3 本书提出的算法与其他优秀算法的性能比较

类似于第 3～6 章，本节将现有的区间进化算法 IMaOEA-TSGI 与

LLPDIMOGA、SPGA 和 IPMOEA 在本章模型上进行了测试，并对测试结果进行了比较分析。众所周知，高维多目标优化问题由于目标间的冲突性，其最优解并不是唯一的，而是一组最优 Pareto 解集。因此，本节实验中，为了分析不同算法在求解本章模型时获得解集性能的总体水平，表 7–5 和表 7–6 分别给出了 U=10、U=20 时 IMaOEA-TSGI 与其他算法在不同任务数量下的区间目标函数值。

表 7–5　U=10 时 IMaOEA-TSGI 与其他算法在不同任务数量下的区间目标函数值

任务数量	算　法	时延/ms	计算成本/元	负载/(Mbit/s)	能耗/(kW · h)
100	IPMOEA	[15.34，44.822]	[133.71，372.59]	[1.4913，5.0258]	[1244.1，3633]
	LLPDIMOGA	[16.34，47.877]	[**121.08**，**334.86**]	[0.79504，3.1378]	[1110.7，3248.6]
	SPGA	[13.392，36.21]	[155.95，437.43]	[1.324，3.6658]	[1469，4283.7]
	IMaOEA-TSGI	[**11.575**，**33.972**]	[127.04，355.32]	[**0.55629**，**2.5061**]	[**1191.8**，**3474.6**]
200	IPMOEA	[22.602，60.272]	[538.35，1486.4]	[7.448，33.229]	[4952.7，14433]
	LLPDIMOGA	[24.272，68.361]	[551.99，1520.6]	[7.5254，32.756]	[**4618.2**，**13487**]
	SPGA	[**11.463**，**34.072**]	[804.05，2261.9]	[8.174，34.88]	[7598.4，22177]
	IMaOEA-TSGI	[22.652，66.526]	[**508.1**，**1395**]	[**5.7702**，**29.534**]	[5039.4，14726]
300	IPMOEA	[28.535，83.646]	[1178.4，3235]	[**22.114**，**119.65**]	[10702，31269]
	LLPDIMOGA	[32.327，92.627]	[1142.1，3128.8]	[28.822，145.28]	[9831.3，28686]
	SPGA	[41.884，112.65]	[1794.9，5016.2]	[44.781，189.92]	[16810，49023]
	IMaOEA-TSGI	[**25.557**，**72.172**]	[**1090.4**，**2975.9**]	[24.22，125.35]	[**10347**，**30214**]

表 7–6　U=20 时 IMaOEA-TSGI 与其他算法在不同任务数量下的区间目标函数值

任务数量	算　法	时延/ms	计算成本/元	负载/(Mbit/s)	能耗/(kW · h)
100	IPMOEA	[35.517，96.169]	[139.28，384.29]	[1.1492，3.5733]	[1277.4，3727.5]
	LLPDIMOGA	[34.875，93.171]	[**126.33**，**347.82**]	[1.0627，3.1144]	[**1154.3**，**3369.2**]
	SPGA	[23.31，67.964]	[134.11，371.23]	[0.80357，2.4681]	[1236.3，3607.5]
	IMaOEA-TSGI	[**22.823**，**66.72**]	[144.82，401.29]	[**0.5656**，**1.882**]	[1339.3，3903.9]
200	IPMOEA	[47.138，130.89]	[533.22，1459.9]	[3.1237，12.135]	[4829.8，14096]
	LLPDIMOGA	[47.856，123.89]	[**522.16**，1422.9]	[3.3192，13.586]	[4697.6，13705]
	SPGA	[55.239，157.55]	[691.65，1933.3]	[4.3408，14.632]	[6470.5，18887]
	IMaOEA-TSGI	[**28.032**，**80.137**]	[490.04，**1341.7**]	[**2.6884**，**11.197**]	[**4451.4**，**12968**]
300	IPMOEA	[57.055，155.22]	[1163.3，3167]	[10.424，49.144]	[10473，30510]
	LLPDIMOGA	[70.416，195.26]	[1163.6，3174.1]	[10.42，47.489]	[**10102**，**29470**]
	SPGA	[105.14，248.24]	[1439.1，3976.2]	[13.562，49.83]	[13247，38618]
	IMaOEA-TSGI	[**44.54**，**135.96**]	[**1126.4**，**3063.2**]	[**9.6566**，**45.588**]	[10483，30587]

从表 7-5 可以发现，IMaOEA-TSGI 在 100 个任务下获得了 4 种算法中最优的时延、负载和能耗，而 LLPDIMOGA 在计算成本方面优于其他算法，IPMOEA 和 SPGA 则表现不佳。同样，对于 200 个任务和 300 个任务而言，IMaOEA-TSGI 在某些目标上的表现总是优于 IPMOEA、SPGA 和 LLPDIMOGA。这样的优越性同样体现在表 7-6 中，以获得最优值的区间上、下限数量进行排序，结果为：IMaOEA-TSGI > LLPDIMOGA > IPMOEA > SPGA。

基于区间目标函数值的中值，图 7-3、图 7-4、图 7-5 和图 7-6 分别展示了 4 种算法的时延、计算成本、负载和能耗的箱形图。其中，每幅图都比较了不同任务数量、不同基站数量的结果。在图 7-3 中，从 100 个任务、10 个微基站情况下的结果来看，4 种算法获得解集的时延相差不大。随着任务数量和微基站数量的增加，4 种算法获得的最大时延均增加，其中 SPGA 算法的波动最明显，最大时延达到 300ms，表明该算法对于任务较多的模型效果欠佳。从图 7-4 可以发现，计算成本受任务数量和微基站数量的影响不大，依据计算成本越小，算法性能越好的标准，4 种算法在两种情况下的性能等级为：LLPDIMOGA > IMaOEA-TSGI > IPMOEA > SPGA。在图 7-5 中，当任务数量为 100 时，4 种算法的负载之间的差距不大，其中 SPGA 略逊色于 IMaOEA-TSGI、LLPDIMOGA 和 IPMOEA。但在 300 个任务、20 个微基站情况下，随着微基站数量的增加，SPGA 的负载表现逐渐变好。与计算成本相似，图 7-6 所示的能耗受任务数量和微基站数量的影响也不大，4 种算法的基本表现的优劣排序结果为：LLPDIMOGA > IPMOEA > IMaOEA-TSGI > SPGA。

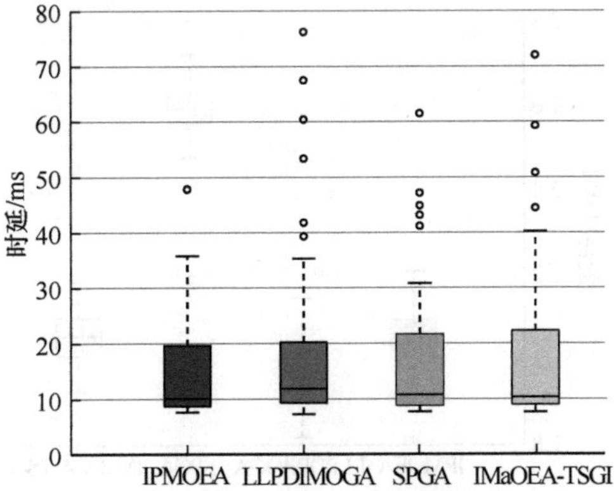

(a) 100个任务，10个微基站

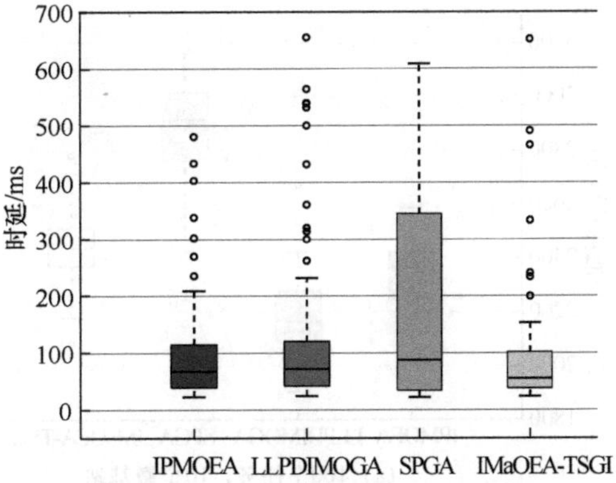

(b) 300个任务，20个微基站

图 7-3 IMaOEA-TSGI 与其他算法获得的时延结果比较

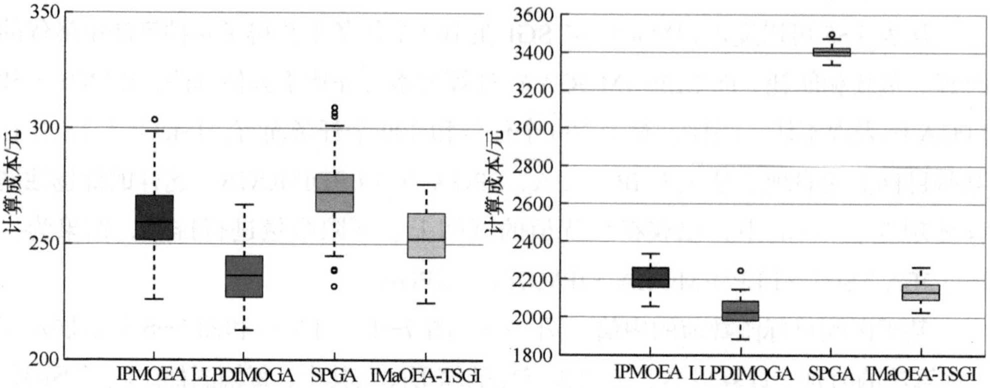

(a) 100个任务，10个微基站　　(b) 300个任务，20个微基站

图 7-4　IMaOEA-TSGI 与其他算法获得的计算成本结果比较

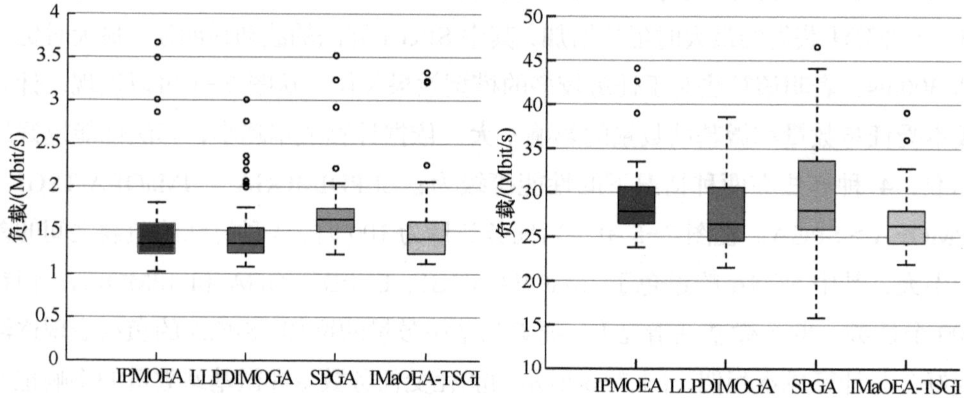

(a) 100个任务，10个微基站　　(b) 300个任务，20个微基站

图 7-5　IMaOEA-TSGI 与其他算法获得的负载结果比较

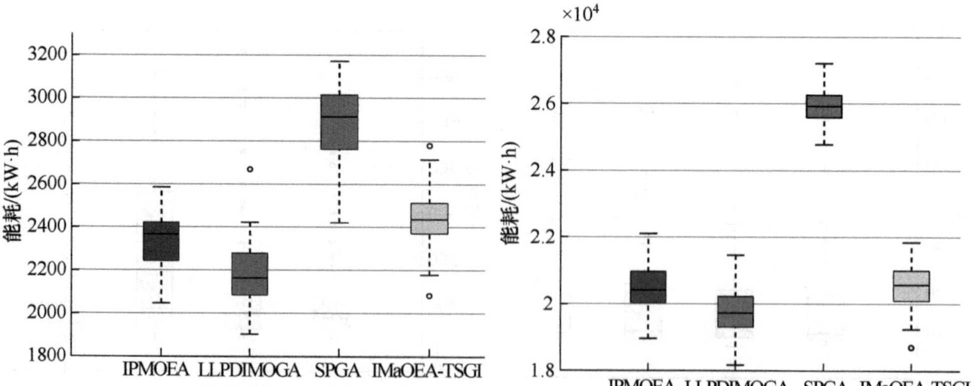

(a) 100个任务，10个微基站　　(b) 300个任务，20个微基站

图 7-6　IMaOEA-TSGI 与其他算法获得的能耗结果比较

7.6 小结

本章针对移动边缘计算卸载问题，从云边端协同卸载系统架构出发，考虑如何分配 NOMA 功率、卸载过程的不确定因素及卸载决策中的主要目标需求，建立了时延、能耗、计算成本和负载 4 个待优化目标的功率分配与任务卸载的区间多目标联合优化模型。然后，用第 3～6 章提出的区间高维多目标进化算法（IMaOEA-IH-AS、IMaOEA-FPD、IMaOEA-CEI-AD 和 IMaOEA-TSGI）来解决不确定环境下的移动边缘计算卸载问题，即功率分配与任务卸载的区间多目标联合优化模型的求解。为了验证本书提出算法的有效性，进行了两组仿真实验：一组实验是采用本书提出的 4 种算法在该模型上进行测试，另一组实验则是将其他优秀的区间进化算法应用于求解该模型，并与 IMaOEA-TSGI 进行比较。实验结果表明，IMaOEA-TSGI 在大多数情形下，求解模型的性能优于 IMaOEA-IH-AS、IMaOEA-FPD、IMaOEA-CEI-AD、LLPDIMOGA、SPGA 和 IPMOEA，能够帮助决策者在计算卸载问题中获得更高效的资源分配方案。

参考文献

[1] 陈宝林. 最优化理论与算法[M]. 北京：清华大学出版社，2002.

[2] 袁亚湘，孙文瑜. 最优化理论与方法[M]. 北京：科学出版社，2005.

[3] CAO B，ZHANG Y，ZHAO J，et al. Recommendation based on large-scale many-objective optimization for the intelligent internet of things system[J]. IEEE Internet of Things Journal，2022，9 (16): 15030-15038.

[4] ZHU L，YU F R，WANG Y，et al. Big data analytics in intelligent transportation systems: a survey[J]. IEEE Transactions on Intelligent Transportation Systems，2019，20 (1): 383-398.

[5] ZHANG K，NI J，YANG K，et al. Security and privacy in smart city applications: challenges and solutions[J]. IEEE Communications Magazine，2017，55 (1): 122-129.

[6] LIU Y，YU J，FAN J，et al. Achieving privacy-preserving DSSE for intelligent IoT healthcare system[J]. IEEE Transactions on Industrial Informatics，2022，18 (3): 2010-2020.

[7] 程志强，戴连奎，孙优贤. 区间参数不确定系统优化的可行性分析[J]. 自动化学报，2004，3: 455-459.

[8] 周文卿，朱纪洪，匡敏驰. 一种基于群体智能的无人空战系统[J]. 中国科学:信息科学，2020，50 (3): 363-374.

[9] SONG F，XING H，LUO S，et al. A multiobjective computation offloading algorithm for mobile-edge computing[J]. IEEE Internet of Things Journal，2020，7 (9): 8780-8799.

[10] HUA Y，LIU Q，HAO K，et al. A survey of evolutionary algorithms for multi-objective optimization problems with irregular pareto fronts[J]. IEEE/CAA Journal of Automatica Sinica，2021，8 (2): 303-318.

[11] FLOR-SÁNCHEZ C O，RESÉEDIZ-FLORES E O，GARCÍA-CALVILLO I D. Kernel-based hybrid multi-objective optimization algorithm (KHMO)[J]. Information Sciences，2023，624: 416-434.

[12] LI B，LI J，TANG K，et al. Many-objective evolutionary algorithms: a survey[J]. ACM

Computing Survey，2015，48 (1): 1-35.

[13] XIANG Y，PENG J，ZHOU Y，et al. An angle based constrained many-objective evolutionary algorithm[J]. Applied Intelligence，2017，47 (3): 705-720.

[14] 孙靖. 用于区间参数多目标优化问题的遗传算法[D]. 徐州：中国矿业大学，2012.

[15] LUHANDJULA M K. Optimisation under hybrid uncertainty[J]. Fuzzy Sets and Systems，2004，146 (2): 187-203.

[16] 赵杨. 约束区间非线性优化智能算法研究[D]. 吉林：吉林大学,2015.

[17] 方伟光，郭宇，黄少华，等. 大数据驱动的离散制造车间生产过程智能管控方法研究[J]. 机械工程学报，2021，57 (20): 277-291.

[18] 程泽新，李东生，高杨. 一种改进遗传算法的无人机航迹规划[J]. 计算机仿真，2019，36 (12): 31-35.

[19] MUKHTAR A，XIA L，TANG T B. Vehicle detection techniques for collision avoidance systems: a review[J]. IEEE Transactions on Intelligent Transportation Systems，2015，16 (5): 2318-2338.

[20] TANG M，WONG V W S. Deep reinforcement learning for task offloading in mobile edge computing systems[J]. IEEE Transactions on Mobile Computing，2022，21 (6): 1985-1997.

[21] 汪建，王挺，刘惠霞. 燃料价格及电力需求不确定下电力生产决策的鲁棒优化[J]. 上海大学学报(自然科学版)，2018，24 (5): 807-818.

[22] 姜潮，韩旭，谢慧超. 区间不确定性优化设计理论与方法[M]. 北京：科学出版社，2020.

[23] BELLMAN R，ZADEH L A. Decision-making in a fuzzy environment[J]. Management Science，1970，17: 141-164.

[24] LIU Y. Uncertain random variables: a mixture of uncertainty and randomness[J]. Soft Computing, 2013, 17 (4): 625-634.

[25] LIU Y. Uncertain random programming with applications[J]. Fuzzy Optimization and Decision Making, 2013, 12 (2): 153-169.

[26] BODUR M，LUEDTKE J R. Two-stage linear decision rules for multi-stage stochastic programming[J]. Mathematical Programming, 2022, 191 (1): 347-380.

[27] SALINETTI G. Approximations for chance-constrained programming problems[J]. Stochastics An International Journal of Probability and Stochastic Processes, 1983, 10:

157-179.

[28] DANIEL J, ROSE J, VINNARASI F. Fuzzy optimization based detection of attacker nodes in wireless networks using deep neural network[J]. Concurrency and Computation: Practice and Experience, 2022, 34.

[29] GARG H, RANI M, SHARMA S P, et al. Intuitionistic fuzzy optimization technique for solving multi-objective reliability optimization problems in interval environment[J]. Expert Systems with Applications, 2014, 41 (7): 3157-3167.

[30] BAHRI O, TALBI E-G, BEN AMOR N. A generic fuzzy approach for multi-objective optimization under uncertainty[J]. Swarm and Evolutionary Computation, 2018, 40: 166-183.

[31] DHODIYA J M, TAILOR A R. Genetic algorithm based hybrid approach to solve uncertain multi-objective COTS selection problem for modular software system[J]. Journal of Intelligent & Fuzzy Systems, 2018, 34: 2103-2120.

[32] 黄兴旺. 区间多目标优化云模型及信息融合求解策略[D]. 秦皇岛：燕山大学, 2017.

[33] ZHANG R, SUN P, TIAN S, et al. A survey on the application of cloud models in the reliability of cloud environments[C]. 2022 8th International Symposium on System Security, Safety, and Reliability (ISSSR), 2022: 179-180.

[34] 于少伟，曹凯，赵模. 基于一维云模型的交通信息预测算法[J]. 山东大学学报(工学版), 2007, 37 (2): 121-126.

[35] GAO H, JIANG J, ZHANG L, et al. Cloud model: detect unsupervised communities in social tagging networks[C]. 2013 International Conference on Information Science and Cloud Computing Companion, 2013: 317-323.

[36] 郭凤鸣. 基于云模型的遗传进化算法的研究[D]. 南京：南京理工大学, 2013.

[37] COSTA T M, CHALCO-CANO Y, OSUNA-GÓMEZ R, et al. Interval order relationships based on automorphisms and their application to interval optimization[J]. Information Sciences, 2022, 615: 731-742.

[38] 王小霞. 多目标区间值规划及其智能求解[D]. 贵州：贵州大学，2016.

[39] 李笠，李广鹏，常亮. 约束进化算法及其应用研究综述[J]. 计算机科学，2021，48 (4): 1-13.

[40] GU Q, WANG Q, XIONG N N, et al. Surrogate-assisted evolutionary algorithm for expensive constrained multi-objective discrete optimization problems[J]. Complex & Intelligent Systems, 2022, 8 (4): 2699-2718.

[41] 王春. 区间多目标知识引导进化优化方法研究[D]. 徐州：中国矿业大学，2014.

[42] 张鹏飞. 改进区间多目标进化优化方法及其在 RFID 阅读器布局中的应用[D]. 徐州：中国矿业大学，2017.

[43] 彭宇，罗清华，王丹，等. 基于区间数聚类的无线传感器网络定位方法[J]. 自动化学报，2012，38 (7): 1-10.

[44] 李霞，张绍林，张淼，等. 基于新距离测度的区间数排序[J]. 西华大学学报：自然科学版，2008，100 (1): 87-90+106.

[45] 王霞，党耀国. 三参数区间灰数信息下的动态多属性决策方法[J]. 控制与决策，2015，30 (9): 1623-1629.

[46] MOORE R. Methods and Application of Interval Analysis[M]. SIAM, 1995.

[47] 曾文艺，罗承忠. 区间数的综合决策模型[J]. 系统工程理论与实践，1997 (11): 48-50.

[48] 刘健，刘思峰. 属性值为区间数的多属性决策对象排序研究[J]. 中国管理科学, 2010, 18 (3): 90.

[49] 兰继斌，胡明明，叶新苗. 基于相似度的区间数排序[J]. 计算机工程与设计，2011，32 (4): 1419-1421.

[50] 刘学生, 吴伟, 邹丌其. 区间数排序的粗糙集方法[J]. 大连理工大学学报, 2008, 48 (1): 143.

[51] SENGUPTA A, PAL T K. On comparing interval numbers[J]. European Journal of Operational Research, 2000, 127 (1): 28-43.

[52] 刘进生，王绪柱，张宝玉. 区间数排序[J]. 工程数学学报，2001，18 (4): 100-103.

[53] 陈春芳，朱传喜. 基于向量相似度的区间数排序方法及其应用[J]. 统计与决策，2014，399 (3): 76-78.

[54] CHANAS S, KUCHTA D. Multiobjective programming in optimization of interval objective functions: A generalized approach[J]. European Journal of Operational Research, 1996, 94 (3): 594-598.

[55] INUIGUCHI M, SAKAWA M. Minimax regret solution to linear programming problems

with an interval objective function[J]. European Journal of Operational Research, 1995, 86 (3): 526-536.

[56] AVERBAKH I, LEBEDEV V. On the complexity of minmax regret linear programming[J]. European Journal of Operational Research, 2005, 160 (1): 227-231.

[57] LIU S T, WANG R T. A numerical solution method to interval quadratic programming[J]. Applied Mathematics and Computation, 2007, 189 (2): 1274-1281.

[58] LI W, TIAN X. Numerical solution method for general interval quadratic programming[J]. Applied Mathematics and Computation, 2008, 202 (2): 589-595.

[59] ZHANG Z, ZHAO M, WANG H, et al. An efficient interval many-objective evolutionary algorithm for cloud task scheduling problem under uncertainty[J]. Information Sciences, 2022, 583: 56-72.

[60] WU H C. The Karush–Kuhn–Tucker optimality conditions in multiobjective programming problems with interval-valued objective functions[J]. European Journal of Operational Research, 2009, 196 (1): 49-60.

[61] GONG D W, QIN N N, SUN X Y. Evolutionary algorithms for optimization problems with uncertainties and hybrid indices[J]. Information Sciences, 2011, 181 (19): 4124-4138.

[62] 蒋峥，戴连奎，吴铁军. 区间非线性规划问题的确定化描述及其递阶求解[J]. 系统工程理论与实践，2005，25 (1): 110-116.

[63] JIANG C, HAN X, GUAN F J, et al. An uncertain structural optimization method based on nonlinear interval number programming and interval analysis method[J]. Engineering Structures, 2007, 29 (11): 3168-3177.

[64] LIU X, ZHANG Z, YIN L. A multi-objective optimization method for uncertain structures based on nonlinear interval number programming method[J]. Mechanics Based Design of Structures & Machines, 2017, 45 (1): 25-42.

[65] TEICH J. Pareto-Front Exploration with Uncertain Objectives[M]. London: Springer Berlin Heidelberg, 2001.

[66] 张勇，巩敦卫，郝国生，等. 含区间参数多目标系统的微粒群进化算法[J]. 自动化学报，2008，38 (8): 921-928.

[67] LIMBOURG P, APONTE D E S. An optimization algorithm for imprecise multi-objective

problem functions[C]. 2005 IEEE Congress on Evolutionary Computation, 2005,1: 459-466.

[68] ESKANDARI H, GEIGER C D, BIRD R. Handling uncertainty in evolutionary multiobjective optimization: SPGA[C]. 2007 IEEE Congress on Evolutionary Computation, 2007: 4130-4137.

[69] GONG D W, NA-NA Q, XIAO-YAN S. Evolutionary algorithms for multi-objective optimization problems with interval parameters[C]. 2010 IEEE Fifth International Conference on Bio-Inspired Computing: Theories and Applications (BIC-TA), 2010: 411-420.

[70] SUN J, GONG D. Solving Interval multi-objective optimization problems using evolutionary algorithms with lower limit of possibility degree[J]. Chinese Journal of Electronics, 2013, 22 (2): 269-272.

[71] SOARES G L, GUIMARAES F G, MAIA C A, et al. Interval robust multi-objective evolutionary algorithm[C]. 2009 IEEE Congress on Evolutionary Computation, 2009: 1637-1643.

[72] GUO Y N, ZHANG P, CHENG J, et al. Interval multi-objective quantum-inspired cultural algorithms[J]. Neural Computing and Applications, 2018, 30 (3): 709-722.

[73] BADER J, BROCKHOFF D, WELTEN S, et al. On using populations of Sets in Multiobjective Optimization[C]. Proceedings of the 5th International Conference on Evolutionary Multi-Criterion Optimization, 2009: 140-154.

[74] ZITZLER E, THIELE L, BADER J. On set-based multiobjective optimization[J]. IEEE Transactions on Evolutionary Computation, 2010, 14 (1): 58-79.

[75] GUO Y N, CHENG J, YANG Z, et al. Knowledge-inducing MOEA/D for interval multi-objective optimization problems[C]. 2016 IEEE Congress on Evolutionary Computation (CEC), 2016: 2729-2735.

[76] GONG D, JI X, SUN J, et al. Interactive evolutionary algorithms with decision-maker's preferences for solving interval multi-objective optimization problems[J]. Neurocomputing, 2014, 137: 241-251.

[77] GONG D, SUN J, JI X. Evolutionary algorithms with preference polyhedron for interval

multi-objective optimization problems[J]. Information Sciences, 2013, 233: 141-161.

[78] 巩敦卫，季新芳. 融入偏好的区间高维多目标集合进化优化方法[J]. 控制理论与应用，2013，30 (11): 1369-1383

[79] GONG D, SUN J, MIAO Z. A set-based genetic algorithm for interval many-objective optimization problems[J]. IEEE Transactions on Evolutionary Computation, 2018, 22 (1): 47-60.

[80] ZHANG L, WANG S, ZHANG K, et al. Cooperative artificial bee colony algorithm with multiple populations for interval multiobjective optimization problems[J]. IEEE Transactions on Fuzzy Systems, 2019, 27 (5): 1052-1065.

[81] 郑金华. 多目标进化算法及其应用[M]. 北京：科学出版社, 2007.

[82] 公茂果，焦李成，杨咚咚，等. 进化多目标进化算法研究[J]. 软件学报，2009，20 (2): 271-289.

[83] RAMON E M, KEARFOTT R B, MICHAEL J C. Introduction to interval analysis[M]. Philadelphia: SIAM Press, 2009.

[84] 陈志旺，陈林，白锌. 求解约束多目标区间优化的交互多属性决策 NSGA-Ⅱ算法[J]. 控制与决策，2015，30 (5): 865-870.

[85] 徐改丽，吕跃进.不确定性多属性决策中区间数排序的一种新方法[J]. 统计与决策，2008，19: 154-157.

[86] 白锌. 昂贵区间多目标优化数据挖掘求解策略[D]. 秦皇岛：燕山大学, 2015.

[87] LIU G, LIU S. Direct method for uncertain multi-objective optimization based on interval non-dominated sorting[J]. Structural and Multidisciplinary Optimization, 2020, 62 (2): 729-745.

[88] LAUMANNS M L, THIELE L, DEB K, et al. Combining convergence and diversity in evolutionary multiobjective optimization[J]. Evolutionary Computation, 2002, 10 (3): 263-282.

[89] IKEDA K, KITA H, KOBAYASHI S. Failure of pareto-based MOEAs: does non-dominated really mean near to optimal?[C]. Proceedings of the 2001 Congress on Evolutionary Computation, 2001: 957-962.

[90] YANG S, LI M, LIU X, et al. A grid-based evolutionary algorithm for many-objective

optimization[J]. IEEE Transactions on Evolutionary Computation, 2013, 17 (5): 721-736.

[91] SAID L B, BECHIKH S, GHEDIRA K. The r-dominance: a new dominance relation for interactive evolutionary multicriteria decision making[J]. IEEE Transactions on Evolutionary Computation, 2010, 14 (5): 801-818.

[92] WANG G, JIANG H. Fuzzy-dominance and its application in evolutionary many objective optimization [C]. 2007 International Conference on Computational Intelligence and Security Workshops (CISW 2007), 2007: 195-198.

[93] BI X, WANG C. An improved NSGA-III algorithm based on objective space decomposition for many-objective optimization[J]. Soft Computing,2017, 21 (15): 4269-4296.

[94] GE F, LI K, HAN Y. Solving interval many-objective optimization problems by combination of NSGA-III and a local fruit fly optimization algorithm[J]. Applied Soft Computing, 2022, 114: 108096.

[95] XU Y, PI D, YANG S, et al. An angle-based bi-objective optimization algorithm for redundancy allocation in presence of interval uncertainty[J]. IEEE Transactions on Automation Science and Engineering, 2023, 20 (1): 271-284.

[96] DEB K, PRATAP A, AGARWAL S, et al. A fast and elitist multiobjective genetic algorithm: NSGA-II[J]. IEEE Transactions on Evolutionary Computation, 2002, 6 (2): 182-197.

[97] ZITZLER E, LAUMANNS M, THIELE L. SPEA2: improving the strength pareto evolutionary algorithm for multiobjective optimization[C]. Proceedings of the EUROGEN, 2001.

[98] LI M, YANG S, LIU X. Shift-based density estimation for pareto-based algorithms in many-objective optimization[J]. IEEE Transactions on Evolutionary Computation, 2014, 18 (3): 348-365.

[99] XIANG Y, ZHOU Y, LI M, et al. A vector angle-based evolutionary algorithm for unconstrained many-Objective optimization[J]. IEEE Transactions on Evolutionary Computation, 2017, 21 (1): 131-152.

[100] CHENG J, YEN G G, ZHANG G. A many-objective evolutionary algorithm with enhanced mating and environmental selections[J]. IEEE Transactions on Evolutionary Computation,

2015, 19 (4): 592-605.

[101]ZHANG F, CHENG L, GAO Y, et al. Fault tree analysis of a hydraulic system based on the interval model using latin hypercube sampling[J]. Journal of Intelligent & Fuzzy Systems, 2019, 37: 1-11.

[102]ORAL E, KADILAR C. Robust ratio-type estimators in simple random sampling[J]. Journal of the Korean Statistical Society, 2011, 40 (4): 457-467.

[103]KORIN B P. Turbo rand: monte carlo sampling and simulations[J]. Computational Statistics & Data Analysis, 1988, 6 (2): 185-188.

[104]LI H, DEB K, ZHANG Q, et al. Comparison between MOEA/D and NSGA-III on a set of novel many and multi-objective benchmark problems with challenging difficulties[J]. Swarm and Evolutionary Computation, 2019, 46: 104-117.

[105]李飞，吴紫恒，刘阚蓉. 基于R2指标和目标空间分解的高维多目标粒子群进化算法[J]. 控制与决策，2021，36 (9): 2085-2094.

[106]XIANG Y, YANG X, ZHOU Y, et al. Going deeper with optimal software products selection using many-objective optimization and satisfiability solvers[J]. Empirical Software Engineering, 2020, 25 (1): 591-626.

[107]王学武，魏建斌，周昕. 一种基于超体积指标的多目标进化算法[J]. 华东理工大学学报(自然科学版)，2020，46 (6): 780-791.

[108]王丽萍，任宇，邱启仓，等. 多目标进化算法性能评价指标研究综述[J]，2021，44 (8): 30.

[109]BADER J, ZITZLER E. HypE: An algorithm for fast hypervolume-based many-objective optimization[J]. Evolutionary Computation, 2011, 19 (1): 45-76.

[110]TIAN Y, ZHANG X, CHENG R, et al. A multi-objective evolutionary algorithm based on an enhanced inverted generational distance metric[C]. 2016 IEEE Congress on Evolutionary Computation (CEC), 2016: 5222-5229.

[111]TIAN Y, CHENG R, ZHANG X, et al. An indicator-based multiobjective evolutionary algorithm with reference point adaptation for better versatility[J]. IEEE Transactions on Evolutionary Computation, 2018, 22 (4): 609-622.

[112]黎明，段茹茹，陈昊，等. 基于 IGD～+S 指标的高维多目标进化算法[[J]. 模式识别与人工智能，2019，32 (9): 800-810.

[113] 张伟，刘建昌，刘圆超. 基于 IGD~+指标的两阶段选择高维多目标进化算法[J]. 控制理论与应用，2023, 3: 1-13.

[114] WHILE L, HINGSTON P, BARONE L, et al. A faster algorithm for calculating hypervolume[J]. IEEE Transactions on Evolutionary Computation, 2006, 10 (1): 29-38.

[115] GÓMEZ R H, COELLO C A C. MOMBI: A new metaheuristic for many-objective optimization based on the R2 indicator[C]. 2013 IEEE Congress on Evolutionary Computation, 2013: 2488-2495.

[116] 王鹏. 兼顾收敛性与多样性的多目标进化算法研究[D]. 沈阳：东北大学, 2017.

[117] ZHOU Y, WANG J, CHEN J, et al. Ensemble of many-objective evolutionary algorithms for many-objective problems[J]. Soft Computing, 2017, 21 (9): 2407-2419.

[118] SMIRNOV D, GOLKAR A. Design optimization using game theory[J]. IEEE Transactions on Systems, Man, and Cybernetics: Systems, 2021, 51 (2): 1302-1312.

[119] NAGABALLI S, KALE V S.Pareto optimality and game theory approach for optimal deployment of DG in radial distribution system to improve techno-economic benefits[J]. Applied Soft Computing,2020, 92: 106234.

[120] HE W, SUN D H. Scheduling flexible job shop problem subject to machine breakdown with route changing and right-shift strategies[J]. The International Journal of Advanced Manufacturing Technology, 2013, 66 (1): 501-514.

[121] WANG L, GUO C, GUO S, et al. Rescheduling strategy of cloud service based on shuffled frog leading algorithm and Nash equilibrium[J]. The International Journal of Advanced Manufacturing Technology, 2018, 94 (9): 3519-3535.

[122] XIAO J, ZHANG W, ZHANG S, et al. Game theory–based multi-task scheduling in cloud manufacturing using an extended biogeography-based optimization algorithm[J]. Concurrent Engineering, 2019, 27: 314-330.

[123] YU Y, ZHAO R, JIAHE A, et al. A multi-objective game optimization for balancing economic, social and ecological benefits in the Three Gorges Reservoir operation[J]. Environmental Research Letters, 2021, 16 (8): 085007.

[124] 张菁. 基于云边端协同的 MEC 任务卸载问题研究[D]. 长春：吉林大学，2022.

[125] 费灵芝. 边缘计算中计算卸载与资源分配策略研究[D]. 成都：电子科技大学，2022.

[126]SCHONING M, HAMEYER K. Applying virtual reality techniques to finite element solutions[J]. IEEE Transactions on Magnetics, 2008, 44 (6): 1422-1425.

[127]GRUBERT J, LANGLOTZ T, ZOLLMANN S, et al. Towards pervasive augmented reality: context-awareness in augmented reality[J]. IEEE Transactions on Visualization and Computer Graphics, 2017, 23 (6): 1706-1724.

[128]DENG S, ZHAO H, FANG W, et al. Edge intelligence: the confluence of edge computing and artificial intelligence[J]. IEEE Internet of Things Journal, 2020, 7 (8): 7457-7469.

[129]GUO J, HUANG G, LI Q, et al. STMTO: a smart and trust multi-UAV task offloading system[J]. Information Sciences, 2021, 573: 519-540.

[130]XU X, LIU X, YIN X, et al. Privacy-aware offloading for training tasks of generative adversarial network in edge computing[J]. Information Sciences, 2020, 532: 1-15.

[131]SODHRO A H, PIRBHULAL S, ALBUQUERQUE V H C D. Artificial intelligence-driven mechanism for edge computing-based industrial applications[J]. IEEE Transactions on Industrial Informatics, 2019, 15 (7): 4235-4243.

[132]YANG L, ZHONG C, YANG Q, et al. Task offloading for directed acyclic graph applications based on edge computing in Industrial Internet[J]. Information Sciences,2020, 540: 51-68.

[133]TONG Z, DENG X, YE F, et al. Adaptive computation offloading and resource allocation strategy in a mobile edge computing environment[J]. Information Sciences, 2020, 537: 116-131.

[134]MAO Y, YOU C, ZHANG J, et al. A survey on mobile edge computing: the communication perspective[J]. IEEE Communications Surveys & Tutorials, 2017, 19 (4): 2322-2358.

[135]HAO H, ZHANG J, GU Q. Optimal IoT service offloading with uncertainty in SDN-based mobile edge computing[J].Mobile Networks and Applications, 2022, 27 (6): 2318-2327.

[136]CHANG W, XIAO Y, LOU W, et al. Offloading decision in edge computing for continuous applications under uncertainty[J]. IEEE Transactions on Wireless Communications, 2020, 19 (9): 6196-6209.

[137]WEI Z, ZHAO B, SU J, et al. Dynamic edge computation offloading for internet of things with energy harvesting: a learning method[J]. IEEE Internet of Things Journal, 2019, 6 (3):

4436-4447.

[138]SOU S I, PENG Y T. Performance modeling for multipath mobile data offloading in cellular/Wi-Fi networks[J]. IEEE Transactions on Communications, 2017, 65 (9): 3863-3875.

[139]MEENA V, GIREESHA O, KRITHIVASAN K, et al. Fuzzy simplified swarm optimization for multisite computational offloading in mobile cloud computing[J]. Journal of Intelligent & Fuzzy Systems, 2020, 39: 8285-8297..

[140]VEMIREDDY S, ROUT R R. Fuzzy Reinforcement learning for energy efficient task offloading in Vehicular Fog Computing[J]. Computer Networks, 2021, 199: 108463.

[141]HOSSAIN M, SULTANA T, HOSSAIN M A, et al. Fuzzy decision-based efficient task offloading management scheme in multi-Tier MEC-enabled networks[J]. Sensors, 2021, 21 (4): 1484.

[142]NGUYEN V, KHANH T T, NGUYEN T D T, et al. Flexible computation offloading in a fuzzy-based mobile edge orchestrator for IoT applications[J]. J Cloud Comput (Heidelb), 2020, 9 (1): 66.

[143]HAN D, DU W, JIN Y, et al. A fuzzy constraint handling technique for decomposition-based constrained multi- and many-objective optimization[J]. Information Sciences, 2022, 597: 318-340.

[144]HAO Y, JIANG S, YU F, et al. Linear dynamic fuzzy granule based long-term forecasting model of interval-valued time series[J]. Information Sciences, 2022, 586: 563-595.

[145]SUN J, MIAO Z, GONG D, et al. Interval multiobjective optimization with memetic algorithms[J]. IEEE Transactions on Cybernetics, 2020, 50 (8): 3444-3457.

[146]SHANG K, ISHIBUCHI H, HE L, et al. A survey on the hypervolume indicator in evolutionary multiobjective optimization[J]. IEEE Transactions on Evolutionary Computation, 2021, 25 (1): 1-20.

[147]LIANG Z, LUO T, HU K, et al. An indicator-based many-objective evolutionary algorithm with boundary protection[J]. IEEE Transactions on Cybernetics, 2021, 51 (9): 4553-4566.

[148]MATHUR R P, SHARMA M. A survey on computational offloading in mobile cloud computing[C]. 2019 Fifth International Conference on Image Information Processing

(ICIIP), 2019: 515-520.

[149]SHU C, ZHAO Z, HAN Y, et al. Multi-user offloading for edge computing networks: a dependency-aware and latency-optimal approach[J]. IEEE Internet of Things Journal, 2020, 7 (3): 1678-1689.

[150]LEE H, CHOI J, HONG D. Resource configuration for full-duplex-aided multiple-access edge computation offloading[J]. IEEE Transactions on Wireless Communications, 2022, 21 (4): 2799-2812.

附录 A

IMaOEA-FPD 源代码

```
function InEMO HL(Global)
% <algorithm> <H-N>
% Many-Objective Evolutionary Algorithms Based on Coordinated Selection
% Strategy
% t --- 0 --- Threshold value in environmental selection

%--------------------------------------------------------------------------
% The copyright of the PlatEMO belongs to the BIMK Group. You are free to
% use the PlatEMO for research purposes. All publications which use this
% platform or any code in the platform should acknowledge the use of
% "PlatEMO" and reference "Ye Tian, Ran Cheng, Xingyi Zhang, and Yaochu
% Jin, PlatEMO: A MATLAB Platform for Evolutionary Multi-Objective
% Optimization, 2016".
%--------------------------------------------------------------------------
% Copyright (c) 2016-2017 BIMK Group
    t = Global.ParameterSet(0);
```

```
    %% Generate random population
    [Z,Global.N] = UniformPoint(Global.N,Global.M);
    Population = Global.Initialization();
    a = Population.objs;
   A = a(:,1:2:end);
    Zmin = min(A,[],1);
    %% Optimization
    while Global.NotTermination(Population)
         MatingPool = TournamentSelection(2,Global.N,sum(max(0,Population.cons),2));
         Offspring    = Global.Variation(Population(MatingPool));
         a = Offspring.objs;
         A = a(:,1:2:end);
         Zmin = min([Zmin;A],[],1);
  Population=EnvironmentalSelection2([Population,Offspring],Global.N,Z,Zmin,Global.M);
         PopObj1 = Population.objs;
          for i=1:Global.N
               j = 0;
               for k =1: Global.M
                    PopObj1(i,2*Global.M+k)   =   (PopObj1(i,2*j+1)+abs(PopObj1(i,2*j+2)-
PopObj1(i,2*j+1))/2);
                    j=j+1;
               end
          end
         %Pareto 最优前沿数据结束


function Population = EnvironmentalSelection2(Population,N,Z,Zmin,M)
CV = sum(max(0,Population.cons),2);
if sum(CV==0) > N
         %% Selection among feasible solutions
     Population = Population(CV==0);                                   %数组
     Fitness = Population.objs;
     FrontNo = NDST1(Fitness,Zmin,Z);
     [temp,index_of_fronts] = sort(FrontNo(:,1));
     [sizz,~] = size(temp);
     FNo = temp(sizz,1);
     CrowdDis     = CrowdingDistance(Population.objs,FrontNo);     %IGD 很好
     FrontNo = FrontNo';
     Next = false(1,N);
     sizz = zeros(1,FNo);
     i = 1
     count = 0;
```

```
        while i<=FNo
            if sum(Next)<=N
                fron1   = find(FrontNo==i);
                sizz(1,i) = length(fron1);
                CrowdDis1 = zeros(sizz(1,i),1);
                if (count + sizz(1,i))<N    %第一层个体直接进入下一代,
                    Next(FrontNo==i) = true;
                    count = count +sizz(1,i);
                elseif (count + sizz(1,i))==N
                    Next(FrontNo==i) = true;
                    count = count +sizz(1,i);
                    break;
                else    %计算第一层的个体拥挤度，在第一层选择
                    for k = 1:sizz(1,i)
                        CrowdDis1(k,1) = CrowdDis(fron1(1,k),1);
                    end
                    [~,Rank] = sort(CrowdDis1,'descend');
                    Next(fron1(Rank(1:N-sum(Next)))) = true;
                    count = N;
                end
            else
                break;
            end
            i = i+1;
        end
        %% Population for next generation
        Population = Population(Next);
        FrontNo = FrontNo(Next);
    end

    function CrowdDis = CrowdingDistance2(PopObj,FrontNo)
    [N,~] = size(PopObj);
    [~,M] = size(PopObj);
    CrowdDis = zeros(N,1);
    Fronts = setdiff(unique(FrontNo),inf);
    i=0;
    V_PopObj = 1;
    while i < M/2               %整个目标空间的体积
        [Obj_min min_m]= min(PopObj(:,2*i+1));
        [Obj_max max_m]= max(PopObj(:,2*i+2));
        V_PopObj = V_PopObj * abs(Obj_max - Obj_min);
        i= i+1;
```

```
end
for f = 1 : length(Fronts)   %第 f 层的个体情况
        m_f = [];
         Front = find(FrontNo==Fronts(f));     %第 f 层的全部个体下标
        %算出这一层的个体的目标区间的中点值
         for i = 1:length(Front)
              for j = 1: M/2
                   m_f(i,j)=PopObj(Front(i,:),j)+ a bs(PopObj(Front(i,:),j)-PopObj
                        (Front(i,:),2*j))/2;
              end
         end
          [NN,Rank] = sortrows(m_f);     %Rank 为下标，按支配层的个体顺序计算
         a = Rank(1);
         CrowdDis(Front(Rank(1),1))= inf;
         CrowdDis(Front(Rank(end),1)) = inf;
        for i = 2 : length(Front)-1
             j=0;
             V_Pop(i,1)=1;
             V1 = ones(N,1);      %与前一个个体重叠体积
              V2 = ones(N,1);     %与后一个个体重叠体积
              V=1;    %初始化自身体积；
           while j < M/2
                %先计算整体所占比例
                V_Pop(i,1) = V_Pop(i,1) * abs(PopObj(i,2*j+1) - PopObj(i,2*j+2));
                Fai(i,1) = V_Pop(i,1) / V_PopObj;
                Dis1(i,j+1)=max(abs(PopObj(i,j+1)-PopObj(i-1,j+1))，abs(PopObj(i,j+1)-
PopObj(i-1,j+1)));
                Dis2(i,j+1)=max(abs(PopObj(i,j+1)-PopObj(i+1,j+1))，abs(PopObj(i,j+1)-
PopObj(i+1,j+1)));
                Vi = V * abs(PopObj(i-1,j+1)-PopObj(i-1,j+1));
                Vii = V * abs(PopObj(i,j+1)-PopObj(i,j+1));
                Viii = V * abs(PopObj(i+1,j+1)-PopObj(i+1,j+1));
                V1(i,1) = V1(i,1)*abs(PopObj(i,j+1)-PopObj(i-1,j+1));
                V2(i,1) = V2(i,1)*abs(PopObj(i,j+1)-PopObj(i+1,j+1));
                j = j+1;
           end
              D1 = max(Dis1(i,:));
              D2 = max(Dis2(i,:));
               dis(i,1) = D1+ D2;
                 CrowdDis(Front(i,1),1)= Fai(i,1) * (V1(i,1)+V2(i,1))/(Vi+Vii+Viii) * dis(i,1) ;
               %最后算体积
         end
```

```
        end
end

function MatingPool = MatingSelection(PopObj,Z,Zmin,PF)
            [N,M]    = size(PopObj(:,1:8));      %目标值的前八位是目标，后四位是均值
            Front = NDST1(PopObj,Zmin,Z);
            Parents1      = randi(N,1,N);
            Parents2      = randi(N,1,N);
            MatingPool = [];
            A= Front(Parents1,:);
            B = Front(Parents2,:);
            for i = 1:N
                if A(i,1) <B(i,1)       %有显著性差异
                        MatingPool = [MatingPool Parents1(:,i)];
                elseif A(i,1) >B(i,1)
                        MatingPool = [MatingPool Parents2(:,i)];
                else
                        a = rand();
                        if a<0.5
                            MatingPool = [MatingPool Parents1(:,i)];
                        else
                            MatingPool = [MatingPool Parents2(:,i)];
                        end
              end
            end
end
```

附录 B
IMaOEA-IH 源代码

```
function InMaOEA_IHSui200(Global)
    t = Global.ParameterSet(0);
    %% Generate random population
    [Z,Global.N] = UniformPoint(Global.N,Global.M);
    Population = Global.Initialization();
    a = Population.objs;
    A = a(:,1:2:end);
    Zmin = min(A,[],1);
    %% Optimization
    while Global.NotTermination(Population)
        MatingPool= MatingSelection1(Population.objs,Z,Zmin,Global);
        Offspring   = Global.Variation(Population(MatingPool));
        a = Population.objs;
          A = a(:,1:2:end);
         Zmin = min(A,[],1);
        Population = EnvironmentalSelection([Population,Offspring],Z,t,Global);
```

```
        end
    end

    function MatingPool = MatingSelection(PopObj,Z,Zmin,Global)
    N = size(PopObj,1);
    [P1,P2,P3] = Fanshu(PopObj,Z,Zmin,Global);
    Parents1 = randi(N,1,N);
    Parents2 = randi(N,1,N);
    MatingPool1 = [Parents1( P1(Parents1)<= P1(Parents2)),Parents2( P1(Parents1)>
P1(Parents2))];
    MatingPool2 = [Parents1( P2(Parents1)<= P2(Parents2)), Parents2( P2(Parents1)>
P2(Parents2))];
    MatingPool3 = [Parents1( P3(Parents1)<= P3(Parents2)), Parents2( P3(Parents1)>
P3(Parents2))];
    a1= MatingPool1(randint(floor(N/3),1,[1 length(MatingPool1)]));
    a2= MatingPool2(randint(floor(N/3),1,[1 length(MatingPool2)]));
    [~,k]=size([a1 a2]);
    a3= MatingPool3(randint(floor(N/3),1,[1 length(MatingPool3)]));
    MatingPool = [a1 a2 a3];
    end

    function Population = EnvironmentalSelection(Population,Z,t,Global)
        %% Calculate the distance between each solution to the ideal point
            PopObj = Population.objs;
            a = PopObj;
            A = a(:,1:2:end);
              Zmin = min(A,[],1);
            N = size(PopObj,1);
             P1 = Fanshu(PopObj,Z,Zmin,Global);
             [Population_pai,index_pai] = sort(P1,1);
             Abest = index_pai(1:N/2,1);
            Bbest = index_pai(N/2+1:end,1);
            Next1 = false(1,N);
            Next2 = false(1,N);
             Next1(1,Abest) = true;
             Next2(1,Bbest) = true;
             Population1 = Population(Next1);
             Population2 = Population(Next2);
             Next = false(1,N);
             [N1,M] = size(Population1.objs);
     for i = 1:N1
       rou1 = rand();
```

```
        rou2 = rand();
        if rou1>rou2
            Next(Abest(i,1))=true;
        elseif rou2>rou1
             Next(Bbest(i,1))=true;
        else
              V1 = 1;
              V2 = 1;
              k = 0;
              while (2*k+1)<M/2
                    V1 = V1*(PopObj(Abest(i,1),2*k+2)-PopObj(Abest(i,1),2*k+1))*100;
                    V2 = V2*(PopObj(Bbest(i,1),2*k+2)-PopObj(Bbest(i,1),2*k+1))*100;
                    k = k +1;
              end
              if V1>V2
                   Next(Abest(i,1))=true;
              else
                    Next(Bbest(i,1))=true;
              end
        end
    end
    Population = Population(Next);
end

function P1 = Fanshu(PopObj,Z,Zmin,Global)
PopObj = PopObj*100;
[min_PopObj，index]=min(PopObj,[],1);   %区间下限，1、3、5、7列的最小值
min_PopObj = min_PopObj(1:2:end)
Bianjiedian = zeros(Global.M,Global.M);
for i = 1:Global.M
    if min_PopObj(1,i)==0
      min_PopObj(1,i) = randi([1,5]);
    end
    Bianjiedian(i,i) = ceil(min_PopObj(1,i));        %理想超平面
    if Bianjiedian(i,i)==0
         Bianjiedian(i,i) = Bianjiedian(i,i)+5;
    end
end
if Global.M == 3
    syms x1 x2 x3
    Bianjiedian(1,:)
    D=[ones(Global.M+1,1),[[x1,x2,x3];Bianjiedian(1,:);Bianjiedian(2,:);Bianjiedian(3,:)]]
```

```
        detd = det(D)
        Coe = coeffs(detd,[x1,x2,x3]);
        z = double(Coe);   %顺序为 b， x2， x3,x1
        W = zeros(1,Global.M);
        W(1,1) = z(1,4);
        W(1,2) = z(1,2);
        W(1,3) = z(1,3);
        b = z(1,1);
        disp(strcat('平面方程为：',char(detd),'=0'))
    elseif Global.M == 4
        syms x1 x2 x3 x4
        Bianjiedian(1,:)
    D=[ones(Global.M+1,1),[[x1,x2,x3,x4];Bianjiedian(1,:);Bianjiedian(2,:);Bianjiedian(3,:);Bianjie
dian(4,:)]]                %由空间解析几何的内容知道 D 的行列式等于零就是平面方程
        detd = det(D)
        Coe = coeffs(detd,[x1,x2,x3,x4]);
        z = double(Coe);   %顺序为 b， x2， x3,x4， x1
        W = zeros(1,Global.M);
        W(1,1) = z(1,5);
        W(1,2) = z(1,2);
        W(1,3) = z(1,3);
        W(1,4) = z(1,4);
        b = z(1,1);
        disp(strcat('平面方程为：',char(detd),'=0'))
    elseif Global.M == 6
        syms x1 x2 x3 x4 x5 x6
        Bianjiedian(1,:)

D=[ones(Global.M+1,1),[[x1,x2,x3,x4,x5,x6];Bianjiedian(1,:);Bianjiedian(2,:);Bianjiedian(3,:);Bianjie
dian(4,:);...
            Bianjiedian(5,:);Bianjiedian(6,:)]]
        detd = det(D)
        Coe = coeffs(detd,[x1,x2,x3,x4,x5,x6])
        z = double(Coe) %顺序为 b， x2， x3,x4， x1
        W = zeros(1,Global.M)
        W(1,1) = z(1,7);
        W(1,2) = z(1,2);
        W(1,3) = z(1,3);
        W(1,4) = z(1,4);
        W(1,5) = z(1,5);
        W(1,6) = z(1,6);
        b = z(1,1);
```

```
        disp(strcat('平面方程为：',char(detd),'=0'))
    elseif Global.M == 8
         syms x1 x2 x3 x4 x5 x6 x7 x8
        Bianjiedian(1,:)
    D=[ones(Global.M+1,1),[[x1,x2,x3,x4,x5,x6,x7,x8];Bianjiedian(1,:);Bianjiedian(2,:);Bianjiedian
(3,:);Bianjiedian(4,:);...
            Bianjiedian(5,:);Bianjiedian(6,:);Bianjiedian(7,:);Bianjiedian(8,:)]]   %由空间解析
    detd = det(D);
        Coe = coeffs(detd,[x1,x2,x3,x4,x5,x6,x7,x8]);
        z = double(Coe);           %顺序为 b， x2， x3,x4， x1
        W = zeros(1,Global.M);
        b = z(1,1);
        disp(strcat('平面方程为：',char(detd),'=0'))
    elseif Global.M == 15
         syms x1 x2 x3 x4 x5 x6 x7 x8 x9 x10 x11 x12 x13 x14 x15
        Bianjiedian(1,:)
    D=[ones(Global.M+1,1),[[x1,x2,x3,x4,x5,x6,x7,x8,x9,x10,x11,x12,x13,x14,x15];Bianjiedian
(1,:);Bianjiedian(2,:);Bianjiedian(3,:);Bianjiedian(4,:);...
    Bianjiedian(5,:);Bianjiedian(6,:);Bianjiedian(7,:);Bianjiedian(8,:);Bianjiedian(9,:);Bianjiedian(10
,:);...
    Bianjiedian(11,:);Bianjiedian(12,:);Bianjiedian(13,:);Bianjiedian(14,:);Bianjiedian(15,:)]]   %
        detd = det(D)
        Coe = coeffs(detd,[x1,x2,x3,x4,x5,x6,x7,x8,x9,x10,x11,x12,x13,x14,x15]);
        z = double(Coe);          %顺序为 b， x2， x3,x4， x1
        W = zeros(1,Global.M);
        b = z(1,1);
        disp(strcat('平面方程为：',char(detd),'=0'))
        elseif Global.M == 10
         syms x1 x2 x3 x4 x5 x6 x7 x8 x9 x10
        Bianjiedian(1,:)
    D=[ones(Global.M+1,1),[[x1,x2,x3,x4,x5,x6,x7,x8,x9,x10];Bianjiedian(1,:);Bianjiedian(2,:);Bia
njiedian(3,:);Bianjiedian(4,:);...
            Bianjiedian(5,:);Bianjiedian(6,:);Bianjiedian(7,:);Bianjiedian(8,:);Bianjiedian(9,:);
Bianjiedian(10,:)]]
        detd = det(D)
        Coe = coeffs(detd,[x1,x2,x3,x4,x5,x6,x7,x8,x9,x10]);
        z = double(Coe);  %顺序为 b， x2， x3,x4， x1
        W = zeros(1,Global.M);
        b = z(1,1);
        disp(strcat('平面方程为：',char(detd),'=0'))
    end
    N   = size(PopObj,1);
```

```
PopObj1 = Caiyang(PopObj);
P1 = zeros(N,1);
for i = 1:N
        the1 = rand();
        if the1 <0.5
            P1(i,1) = abs((dot(W,PopObj1(i,:))+b))/sum(abs(W));
        else
            P1(i,1) = abs((dot(W,PopObj1(i,:))+b))/sum(abs(W))*the1;
        end
end
P2 = zeros(N,1);
for i = 1:N
        the2 = rand();
        if the2 <0.5
            P2(i,1) = abs((dot(W,PopObj1(i,:))+b))/sum(W.*W,2);
        else
            P2(i,1) = abs((dot(W,PopObj1(i,:))+b))/sum(W.*W,2)*the2;
        end
end
P3 = zeros(N,1);
for i = 1:N
        the3 = rand();
        if the3 <0.5
            P3(i,1) = abs((dot(W,PopObj1(i,:))+b))/abs(sum(W.*W.*W,2));
        else
            P3(i,1) = abs((dot(W,PopObj1(i,:))+b))/abs(sum(W.*W.*W,2))*the3;
        end
end
[m1,~] = max(P1(:,1));
[n1,~] = min(P1(:,1));
[m2,~] = max(P2(:,1));
[n2,~] = min(P2(:,1));
[m3,~] = max(P3(:,1));
[n3,~] = min(P3(:,1));
for i = 1:N
        P1(i,1) = (P1(i,1)-n1)/(m1-n1);
        P2(i,1) = (P2(i,1)-n2)/(m2-n2);
        P3(i,1) = (P3(i,1)-n3)/(m3-n3);
end
end
```

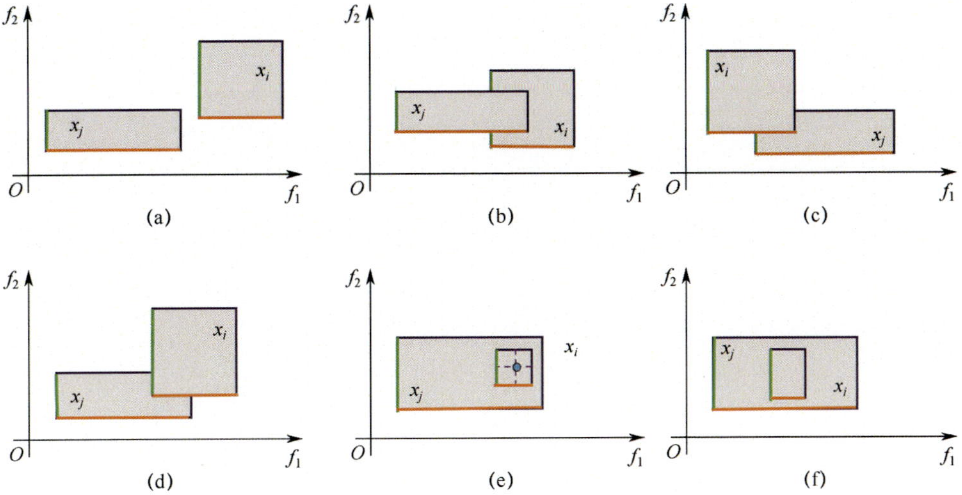

图 3-5　两个目标优化问题中两个个体的位置关系

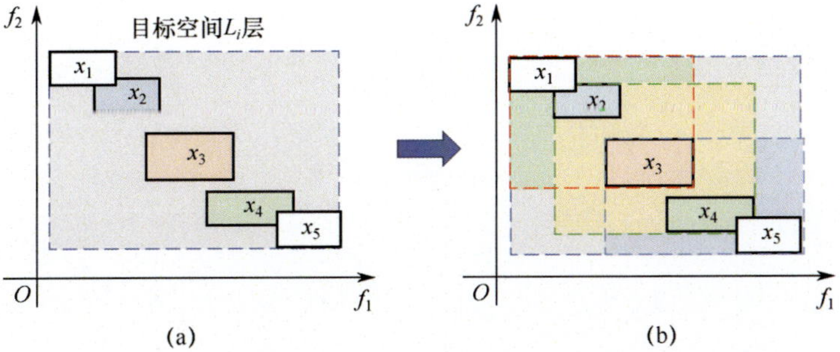

图 3-8　同一支配层的个体在目标空间的区域划分示意图

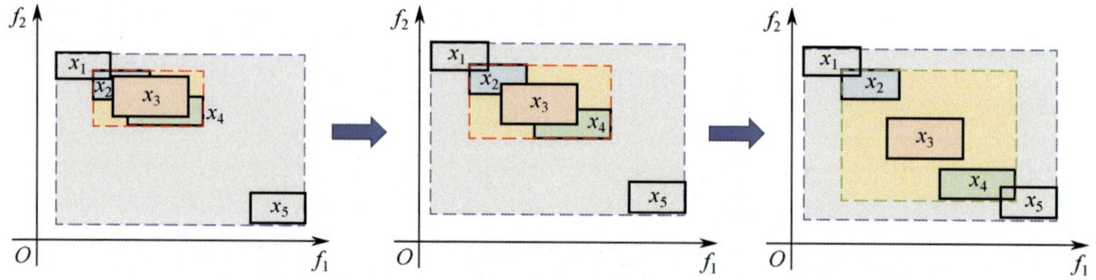

图 3-9　体积不变时个体影响区域对目标空间松弛度的影响示意图

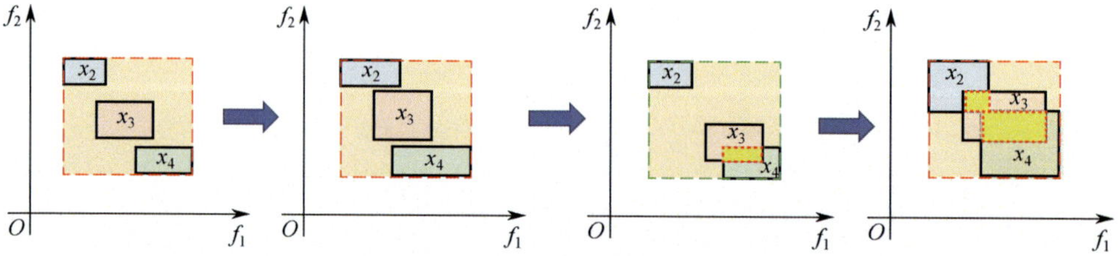

图 3-10　影响区域不变时个体体积对目标空间松弛度的影响示意图

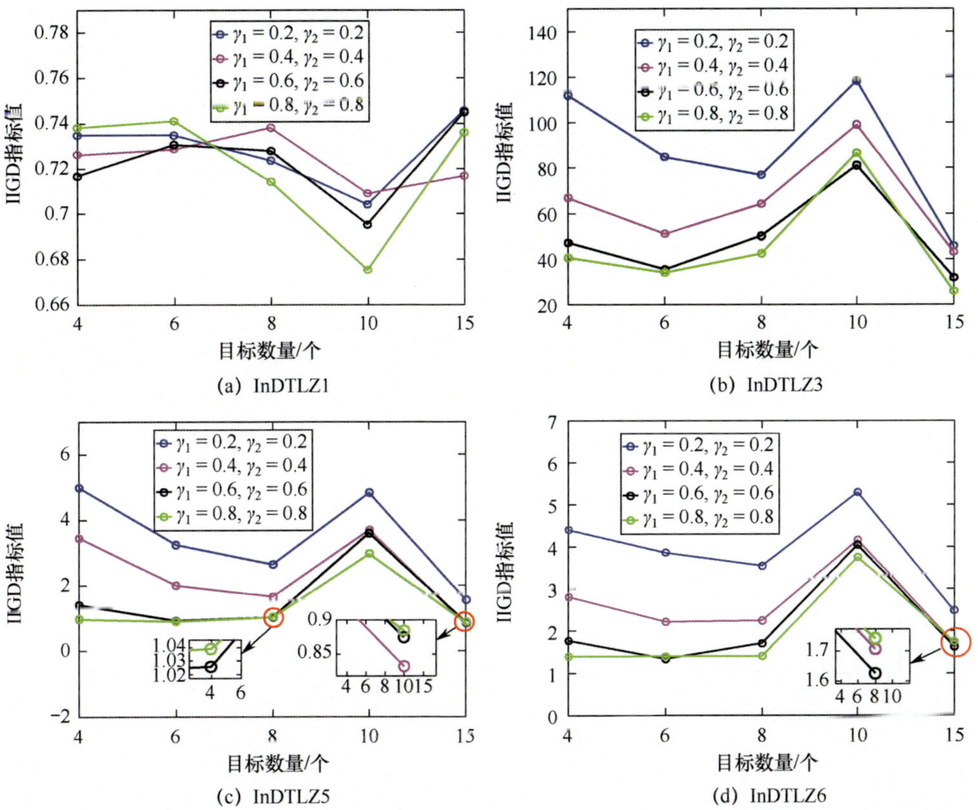

图 3-12 IMaOEA-FPD 在 InDTLZ1、InDTLZ3、InDTLZ5、InDTLZ6 测试函数上不同柔性因子下的 IIGD 结果

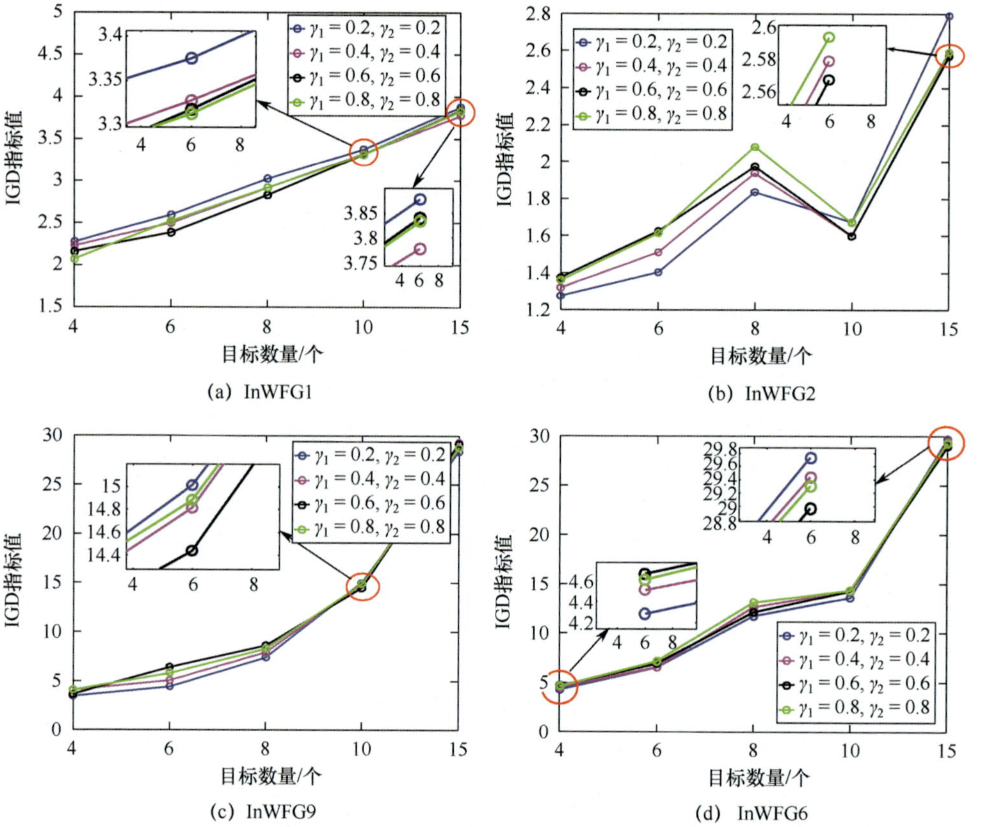

图 3-13　IMaOEA-FPD 在 InWFG1、InWFG2、InWFG6、InWFG9 测试函数上不同柔性因子下的 IIGD 结果

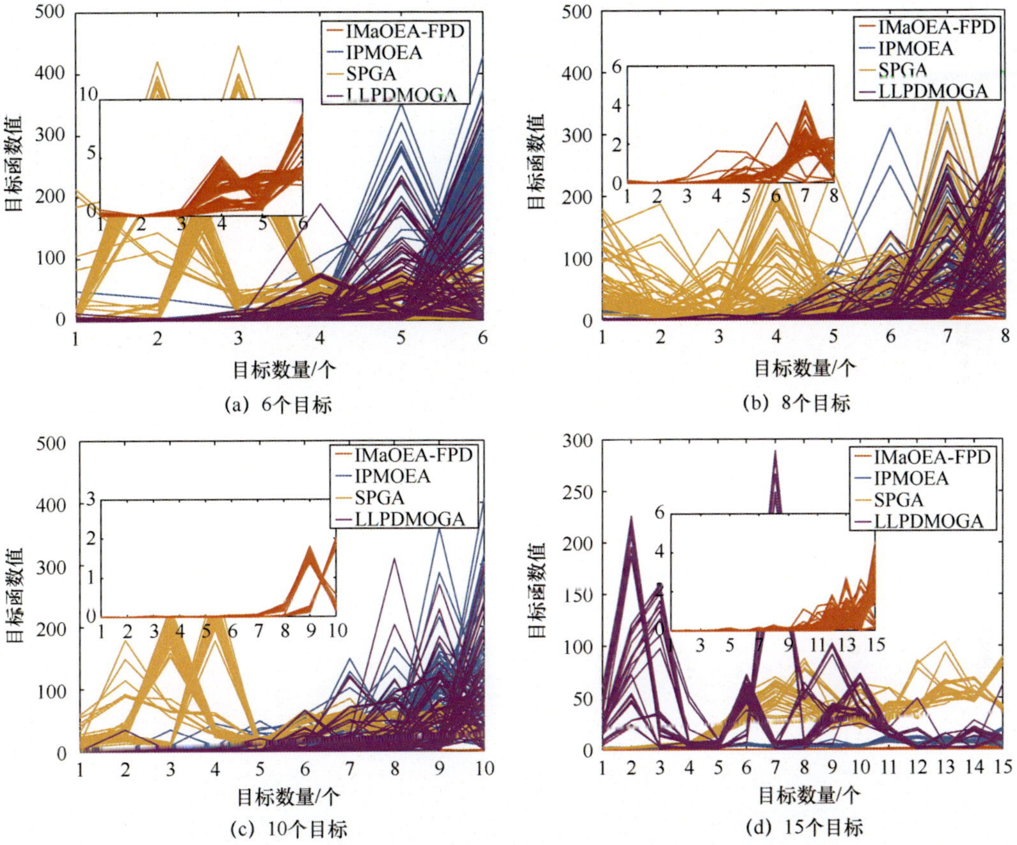

(a) 6个目标　(b) 8个目标　(c) 10个目标　(d) 15个目标

图 3-14　在 InDTLZ 测试集上 4 种算法的 Pareto 最优前沿

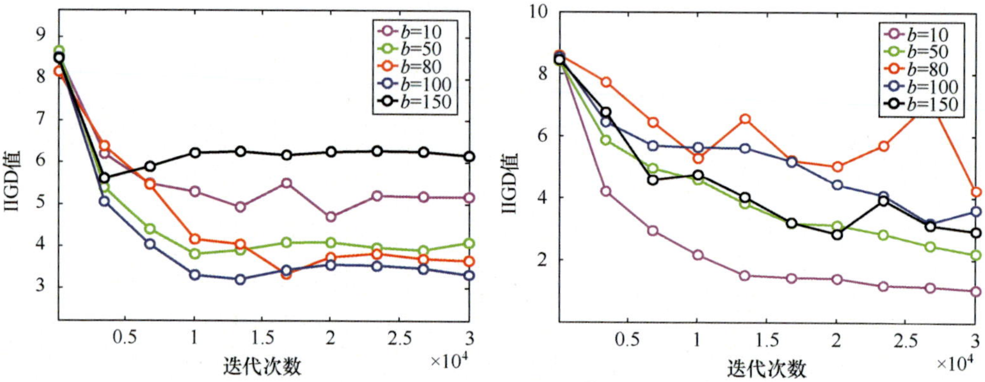

(a) InDTLZ6　　(b) InMaOP6

图 4-8　IMaOEA-IH-RPS 算法在 InDTLA6 和 InMaOP6 上的 IIGD 值随迭代次数的变化曲线

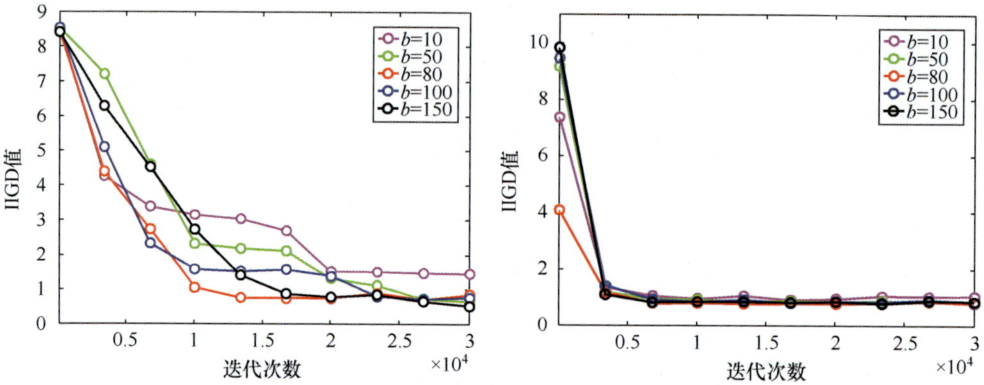

(a) InDTLZ6　　(b) InMaOP6

图 4-9　IMaOEA-IH-GS 算法在 InDTLA6 和 InMaOP6 上的 IIGD 值随迭代次数的变化曲线

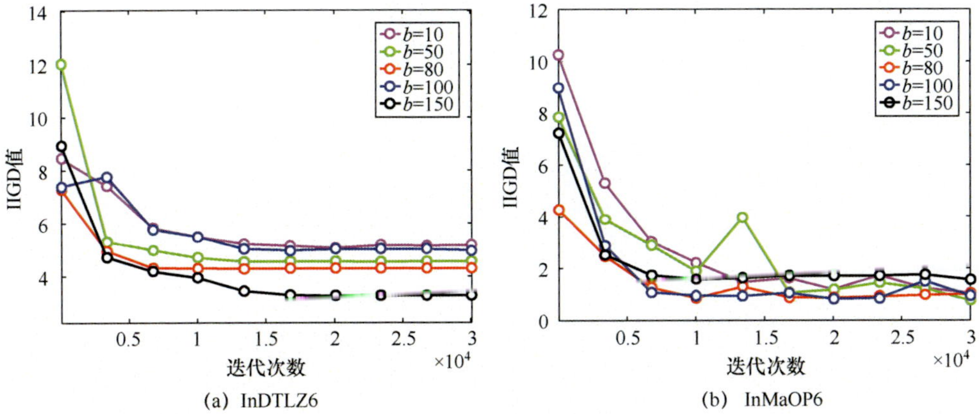

图 4-10　IMaOEA-IH-AS 算法在 InDTLA6 和 InMaOP6 上的 IIGD 值随迭代次数的变化曲线

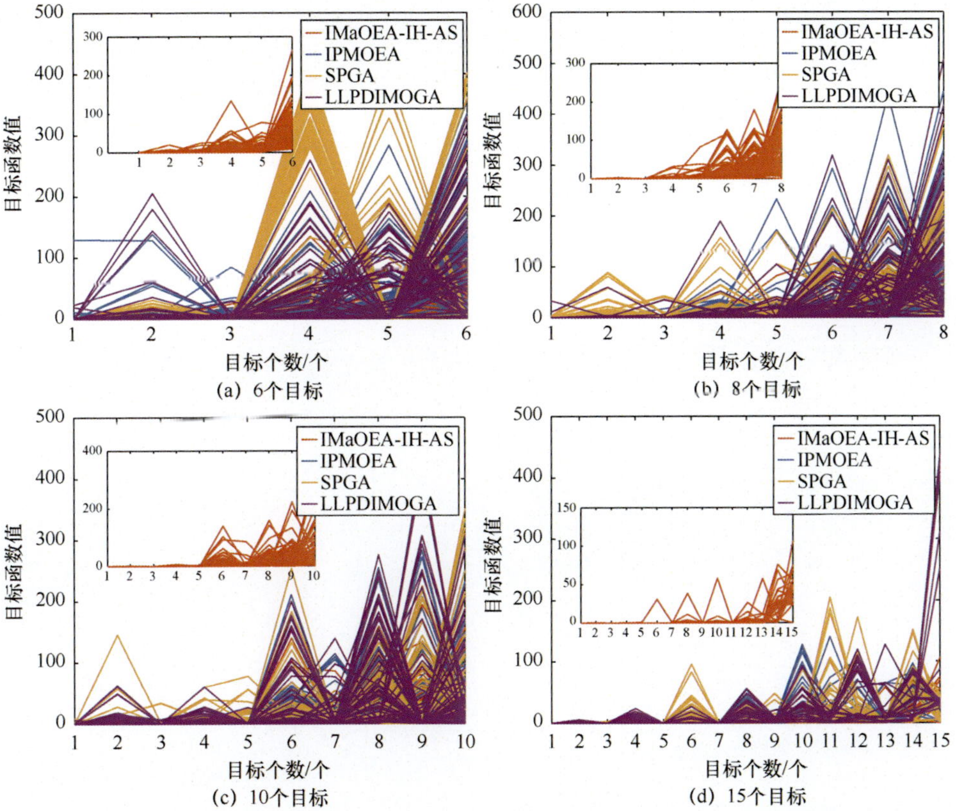

图 4-11　4 种算法在不同个数目标的 InMaOP 测试问题上的 Pareto 最优前沿

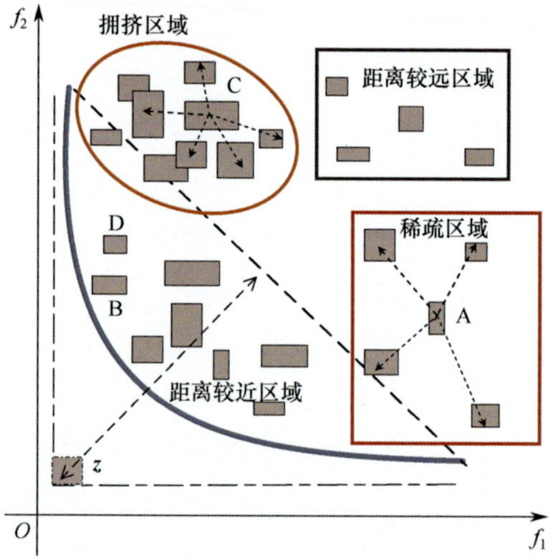

图 5-1　个体在目标空间中的分布

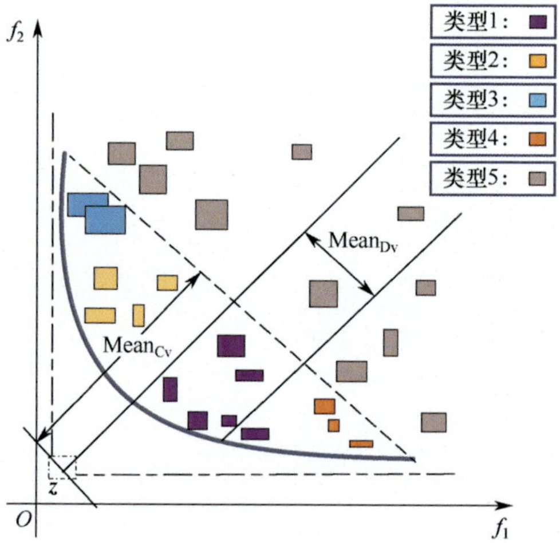

图 5-2　个体在目标空间中划分的五种类型

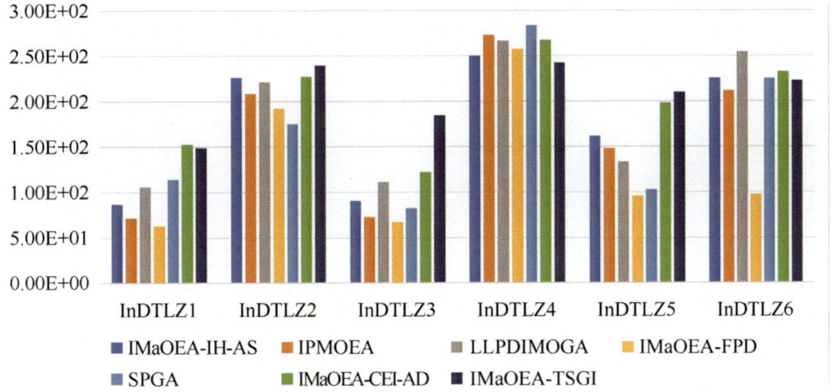

图 6-5　7 种算法在 4 个目标的 InDTLZ1～InDTLZ6 测试函数上的 IX 值比较

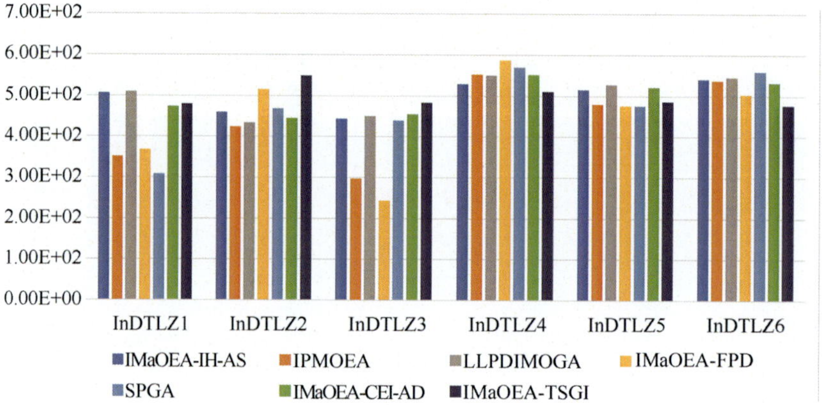

图 6-6　7 种算法在 8 个目标的 InDTLZ1～InDTLZ6 测试函数上的 IX 值比较

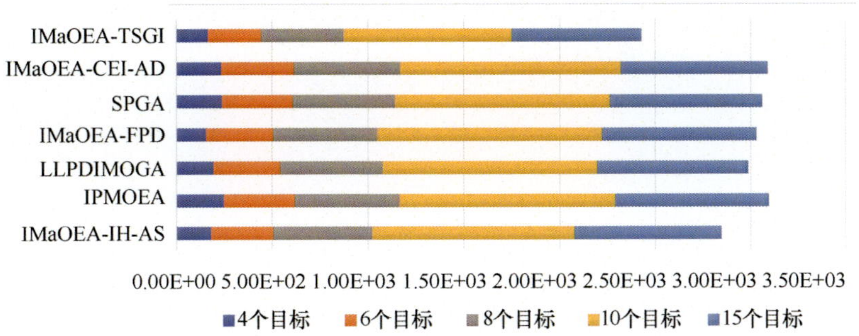

图 6-7　7 种算法在不同目标数量的 InWFC3 上的 IX 值比较

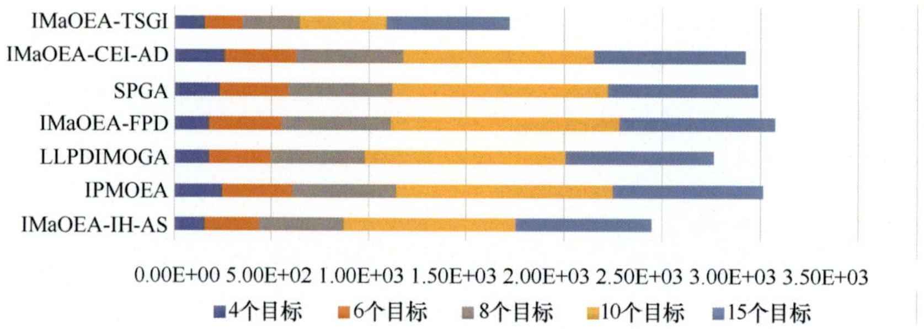

图 6-8　7 种算法在不同目标数量的 InWFG9 上的 IX 值比较